"十四五"高等职业教育新形态一体化教材

U0077467

人工智能技术应用

Python爬虫
与数据采集

方水平◎主编

中国铁道出版社有限公司

CHINA RAILWAY PUBLISHING HOUSE CO., LTD.

内 容 简 介

本书是针对高等职业教育人工智能技术应用专业培养目标，对接"Python程序开发"1+X职业技能等级标准，基于工作过程开发完成的活页式教材，依据"任务导向""目标先行""兴趣诱发"来组织教材内容，主要设置爬取静态网页的数据并解析、爬取动态网页的数据并解析、利用Scrapy框架进行爬取、爬虫代理、模拟登录、爬取App数据等项目，培养学生开发爬虫系统并运维、数据研究和加工处理、爬虫系统的架构设计与开发，构建抓虫服务平台、设计算法，提升网页爬取的效率和质量的能力。

本书适合作为高职人工智能技术应用、计算机应用技术、移动应用开发等专业的教材，也适合IT互联网企业、各企事业单位、政府部门等的信息化、数字化部门从事Python程序开发、爬虫开发与维护、数据采集清洗和存储等工作岗位的人员参考。

图书在版编目（CIP）数据

Python爬虫与数据采集/方水平主编.—北京:中国铁道出版社有限公司,2023.10

"十四五"高等职业教育新形态一体化教材

ISBN 978-7-113-30358-7

Ⅰ.①P… Ⅱ.①方… Ⅲ.①软件工具-程序设计-高等职业教育-教材 Ⅳ.①TP311.561

中国国家版本馆CIP数据核字（2023）第123838号

书　　名：Python爬虫与数据采集
作　　者：方水平

策　　划：王春霞　　　　　　　　　编辑部电话：(010) 63551006
责任编辑：王春霞　贾淑媛
封面设计：尚明龙
责任校对：苗　丹
责任印制：樊启鹏

出版发行：中国铁道出版社有限公司（100054，北京市西城区右安门西街8号）
网　　址：http://www.tdpress.com/51eds/
印　　刷：北京联兴盛业印刷股份有限公司
版　　次：2023年10月第1版　2023年10月第1次印刷
开　　本：850 mm×1 168 mm　1/16　印张：15　字数：376千
书　　号：ISBN 978-7-113-30358-7
定　　价：56.00元

"十四五"高等职业教育新形态一体化教材
编审委员会

2021 年十三届全国人大四次会议表决通过的《中华人民共和国国民经济和社会发展第十四个五年规划和 2035 年远景目标纲要》，对我国社会主义现代化建设进行了全面部署，"十四五"时期对国家的要求是高质量发展，对教育的定位是建立高质量的教育体系，对职业教育的定位是增强职业教育的适应性。当前，在"十四五"开局之年，如何切实推动落实《国家职业教育改革实施方案》《职业教育提质培优行动计划（2020—2023 年）》等文件要求，是新时代职业教育适应国家高质量发展的核心任务。随着新科技和新工业化发展阶段的到来和我国产业高端化转型，必然引发企业用人需求和聘用标准发生新的变化，以人才需求为起点的高职人才培养理念使创新中国特色人才培养模式成为高职战线的核心任务，为此国务院和教育部制定和发布了包括"1+X"职业技能等级证书制度、专业群建设、"双高计划"、专业教学标准、信息技术课程标准、实训基地建设标准等一系列的文件，为探索新时代中国特色高职人才培养指明了方向。

要落实国家职业教育改革一系列文件精神，培养高质量人才，就必须解决"教什么"的问题，必须解决课程教学内容适应产业新业态、行业新工艺、新标准要求等难题，教材建设改革创新就显得尤为重要。国家这几年对于职业教育教材建设加大了力度，2019 年，教育部发布了《职业院校教材管理办法》（教材〔2019〕3 号）、《关于组织开展"十三五"职业教育国家规划教材建设工作的通知》（教职成司函〔2019〕94 号），在 2020 年又启动了《首届全国教材建设奖全国优秀教材（职业教育与继续教育类）》评选活动，这些都旨在选出具有职业教育特色的优秀教材，并对下一步如何建设好教材进一步明确了方向。在这种背景下，坚持以习近平新时代中国特色社会主义思想为指导，落实立德树人根本任务，适应新技术、新产业、新业态、新模式对人才培养的新要求，中国铁道出版社有限公司邀请我与鲍洁教授共同策划组织了"'十四五'高等职业教育新形态一体化教材"，尤其是我国知名计算机教育专家谭浩强教授、全国高等院校计算机基础教育研究会会长黄心渊教授对课程建设和教材编写都提出了重要的指导意见。这套教材在设计上把握了如下几个原则：

1. 价值引领、育人为本。牢牢把握教材建设的政治方向和价值导向，充分体现党和国家的意志，体现鲜明的专业领域指向性，发挥教材的铸魂育人、关键支撑、固本培元、文化交流等功能和作用，培养适应创新型国家、制造强国、网络强国、数字中国、智慧社会需要的不可或缺的高层次、高素质技术技能型人才。

2. 内容先进、突出特性。充分发挥高等职业教育服务行业产业优势，及时将行业、产业的新技术、新工艺、新规范作为内容模块，融入教材中去。并且，为强化学生职业素养养成和专业技术积累，将专业精神、职业精神和工匠精神融入教材内容，满足职业教育的需求。此外，为适应项目学习、案例学习、模块化学习等不同学习方式要求，注重以真实生产项目、典型工作任务、案例等为载体组织教学单元的教材、新型活页式、工作手册式等教材，力求教材反映人才培养模式和教学改革方向，有效激发学生学习兴趣和创新潜能。

3. 改革创新、融合发展。遵循教育规律和人才成长规律，结合新一代信息技术发展和产业变革对人才的需求，加强校企合作、深化产教融合，深入推进教材建设改革。加强教材与教学、教材与课程、教材与教法、线上与线下的紧密结合，信息技术与教育教学的深度融合，通过配套数字化教学资源，满足教学需求和符合学生特点的新形态一体化教材。

4. 加强协同、锤炼精品。准确把握新时代方位，深刻认识新形势新任务，激发教师、企业人员内在动力。组建学术造诣高、教学经验丰富、熟悉教材工作的专家队伍，支持科教协同、校企协同、校际协同开展教材编写，全面提升教材建设的科学化水平，打造一批满足学科专业建设要求，能支撑人才成长需要、经得起实践检验的精品教材。

按照教育部关于职业院校教材的相关要求，充分体现工业和信息化领域相关行业特色，以高职专业和课程改革为基础，编写信息技术课程、专业群平台课程、专业核心课程等所需教材。本套教材计划出版4个系列，具体为：

1. 信息技术课程系列。教育部发布的《高等职业教育专科信息技术课程标准（2021年版）》给出了高职计算机公共课程新标准，新标准由必修的基础模块和由12项内容组成的拓展模块两部分构成。拓展模块反映了新一代信息技术对高职学生的新要求，各地区、各学校可根据国家有关规定，结合地方资源、学校特色、专业需要和学生实际情况，自主确定拓展模块教学内容。在这种新标准、新模式、新要求下构建了该系列教材。

2. 电子信息大类专业群平台课程系列。高等职业教育大力推进专业群建设，基于产业需求的专业结构，使人才培养更适应现代产业的发展和职业岗位的变化。构建具有引领作用的专业群平台课程和开发相关教材，彰显专业群的特色优势地位，提升电子信息大类专业群平台课程在高职教育中的影响力。

3. 新一代信息技术类典型专业课程系列。以人工智能、大数据、云计算、移动通信、物联网、区块链等为代表的新一代信息技术，是信息技术的纵向升级，也是信息技术之间及其与相关产业的横向融合。在此技术背景下，围绕新一代信息技术专业群（专业）建设需要，重点聚焦这些专业群（专业）缺乏教材或者没有高水平教材的专业核心课程，完善专业教材体系，支撑新专业加快发展建设。

4. 本科专业课程系列。在厘清应用型本科、高职本科、高职专科关系，明确高职本科服务目标，准确定位高职本科基础上，研究高职本科电子信息类典型专业人才培养方案和课程体系，在培养高层次技术技能型人才方面，组织编写该系列教材。

新时代，职业教育正在步入创新发展的关键期，与之配合的教育模式以及相关的诸多建设都在深入探索，本套教材建设按照"选优、选精、选特、选新"的原则，发挥高等职业教育领域的院校、企业的特色和优势，调动高水平教师、企业专家参与，整合学校、行业、产业、教育教学资源，充分认识到教材建设在提高人才培养质量中的基础性作用，集中力量打造与我国高等职业教育高质量发展需求相匹配、内容和形式创新、教学效果好的课程教材体系，努力培养德智体美劳全面发展的高层次、高素质技术技能人才。

本套教材内容前瞻、体系灵活、资源丰富，是值得关注的一套好教材。

国家职业教育指导咨询委员会委员

北京高等学校高等教育学会计算机分会理事长

全国高等院校计算机基础教育研究会荣誉副会长　高林

2021 年 8 月

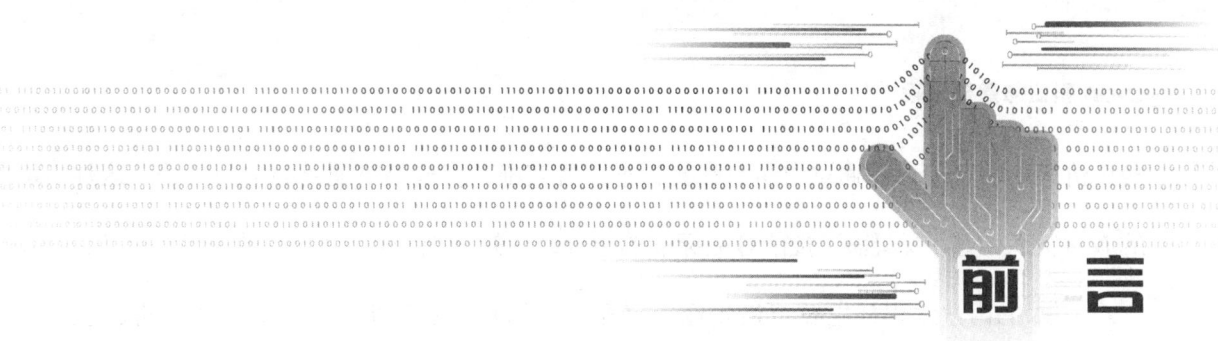

前言

本书为"十四五"高等职业教育新形态一体化教材。

高等职业教育人工智能技术应用专业的培养目标：培养德、智、体、美、劳全面发展，具有良好职业道德和人文素养，掌握人工智能基础专业理论知识、应用技术，具备人工智能技术应用开发、系统管理与维护等能力，从事人工智能相关的应用开发、系统集成与运维、产品销售与咨询、售前售后技术支持等工作的高素质技术技能人才。随着人工智能技术应用专业在各高职院校的开设，面向高职人工智能技术应用专业的教材较少，基于此，北京工业职业技术学院组织教师和企业技术人员一起编写了本教材《Python 爬虫与数据采集》。该书以就业为导向，以能力为本位，为培养高素质技能型专业人才服务，反映产业升级、技术进步和职业岗位变化的要求，努力体现新知识、新技术、新工艺和新方法。

为了便于学生更好地参加"1+X"职业技能等级考试，本书将《Python 程序开发职业技能等级标准》融入其中，主要面向 IT 互联网企业、各企事业单位、政府部门等的信息化、数字化部门，从事 Python 程序开发、爬虫系统开发与维护、数据采集清洗和存储等工作岗位。本书对接 Python 程序开发"1+X"职业技能等级标准。

本书是基于工作过程开发完成的活页教材，依据"任务导向""目标先行""兴趣诱发"来组织教材内容。主要设置静态网页数据的爬取并解析、爬取动态网页的数据并解析、利用 Scrapy 框架进行爬取、代理爬虫、模拟登录、爬取 App 数据等项目，培养学生爬虫系统开发并运维、数据研究和加工处理、爬虫系统的架构设计与开发，构建爬虫服务平台、设计算法，提升网页爬取的效率和质量等能力。每个任务分为任务分析、导学、学习资料、任务实施、任务评价等模块，使读者通过由易到难的若干任务实施，完成整个项目的学习过程。这种模块化的教材组织体系，既覆盖了技能等级标准的全部对应知识点，也便于教师在课堂中的教学实施。

本书由方水平任主编，刘业辉、赵元苏、郭蕊、朱贺新、宋玉娥、杨洪涛、王笑洋参加编写，在此感谢中国铁道出版社有限公司的倾力支持。

由于技术的发展日新月异，加之编者水平有限，书中不妥之处在所难免，恳请广大读者批评指正。

编　者
2023 年 6 月

网络出版资源明细表

备注	链接内容	页码
24	Selenium 实现模拟登录	2-31
25	Scrapy 的安装	3-4
26	模拟登录	4-26
27	APP 爬虫环境的搭建	5-4
28	Charles 简介	5-18

目 录

项目一
静态网页爬取与解析

网络爬虫是一种按照一定的规则自动请求万维网网站并提取网站数据的程序或脚本，通过这些程序或脚本向 URL 发出 HTTP 请求，获取该 URL 对应的 HTTP 报文主体内容，并从该报文中提取所需要的信息。本项目利用 Python 的 Requests 库爬取静态网页，借助 Beautiful Soup 库、正则表达式来提取网页中的信息，并保存这些信息。

为了完成本项目的学习，请先阅读下面学习性工作任务单（表 1-1-1）。

笔记栏

表 1-1-1　学习性工作任务单

项目 学习目标	• 能使用 urllib3 库实现 HTTP 请求； • 能使用 Requests 库实现 HTTP 请求； • 能使用 Chrome 浏览器的开发者工具查看网页信息； • 能使用正则表达式解析网页； • 能使用 lxml 解析网页； • 能使用 XPath 解析网页； • 能使用 Beautiful Soup 解析网页； • 能保存爬取的结果数据
项目描述	用 Python 中的 urllib3 或 Requests 库实现 HTTP 请求得到网址为"去哪儿"网站中北京市旅游景点信息，利用 Chrome 浏览器的开发者工具查看网页代码，用正则表达式、XPath、lxml、Beautiful Soup 等方法解析 HTML 网页，得到北京市旅游景点信息，将景点数据 Beautiful Soup 保存为 csv 格式文件
任务 1	搭建静态网页爬虫环境
任务 2	使用 Requests 爬取"去哪儿"网站中的北京市旅游景点信息
任务 3	使用正则表达式、XPath、lxml、Beautiful Soup 等方法解析网页，保存北京旅游景点数据
项目 验收标准	• 准确爬取静态网页数据； • 能解析出静态网页数据； • 能保存静态网页数据

1-1

任务 1 搭建静态网页爬虫环境

任务分析

对搭建静态网页爬虫环境任务进行任务分析见表 1-1-2。

表 1-1-2　任务分析

任务 1	搭建静态网页爬虫环境	学时	2
典型工作过程描述	安装 Requests 模块→检验 Requests 模块是否安装成功→安装 lxml 模块→检验 lxml 模块是否安装成功→安装 Beautiful Soup 模块→检验 Beautiful Soup 模块是否安装成功		
任务目标	了解爬虫基本原理和流程，并根据爬取静态网页数据的需求来搭建爬虫环境		
任务描述	了解爬虫基本概念和流程，根据静态页爬虫的需求来搭建爬虫环境，主要是完成以下模块的安装： • 下载并安装 Requests 模块； • 下载并安装 lxml 模块； • 下载并安装 Beautiful Soup 模块 重点： • 安装 Requests 模块； • 安装 lxml 模块； • 安装 Beautiful Soup 模块 难点： 　　直接利用 pip 安装 Requests、lxml、Beautiful Soup 可能网速比较慢，安装时间比较长，建议先下载 wheel 文件，然后再安装。 　　不同计算机的系统环境不同，搭建网络爬虫环境的时候会出现不同的错误，能根据提示信息完成故障的排除		
工作思路	执行流程：下载 Requests 模块→安装 Requests 模块→检验 Requests 模块是否安装成功→下载 lxml 模块→安装 lxml 模块→检验 lxml 模块是否安装成功→下载 Beautiful Soup 模块→安装 Beautiful Soup 模块→检验 Beautiful Soup 模块是否安装成功。 　　设计过程：先下载软件包，进行软件包的安装，验证软件是否安装成功，依据提示信息完成故障排除，正确地搭建静态页爬虫环境		
任务要求	学会静态网页爬虫环境的搭建。 • 掌握静态网页爬虫需要的软件环境； • 能完成 Requests 模块的安装； • 能完成 lxml 模块的安装； • 能完成 Beautiful Soup 模块的安装		

 导 学

1. 任务导学

为了完成静态网页爬虫环境的搭建，请先按照任务导学进行相关知识点的学习，掌握一定的操作技能后，再进行任务的实施，并对实施的效果进行评价。导学单见表 1-1-3。

表 1-1-3 静态网页爬虫环境搭建导学单

任务名称	知识和技能要求		
静态网页爬虫环境搭建	1	**爬虫基本概念** 基本概念 —— ★ 概念 　　　　　　 ★ 爬虫流程 爬虫类型 —— ★ 通用网络爬虫 —— 应用场景、优缺点 　　　　　 ★ 聚焦网络爬虫 —— 应用场景、优缺点 　　　　　 ★ 增量式网络爬虫 —— 应用场景、优缺点 　　　　　 ★ Deep Web爬虫 —— 应用场景、优缺点		
	2	**爬虫实现原理** 通用网络爬虫工作原理 —— ★ 概念 　　　　　　　　　　　 ★ 通用爬虫流程 聚焦网络爬虫工作原理 —— ★ 概念 　　　　　　　　　　　 ★ 聚焦爬虫流程 增量式网络爬虫原理 —— ★ 概念 　　　　　　　　　　 ★ 增量式网络爬虫流程 深层网络爬虫工作原理 —— ★ 概念 　　　　　　　　　　　 ★ 深层网络爬虫流程		
	3	**静态网页爬虫环境搭建** 安装Requests模块 —— ★ Requests软件包和文档说明的下载地址 　　　　　　　　 ★ Windows操作系统下的安装方法 —— 利用pip安装 　　　　　　　　　　　　　　　　　　　　　　　　　 利用wheel安装 　　　　　　　　　　　　　　　　　　　　　　　　　 利用源码进行安装 　　　　　　　　 ★ 安装结果验证 安装lxml —— ★ lxml软件包和文档说明下载的地址 　　　　　 ★ Windows操作系统下的安装方法 —— 利用pip安装 　　　　　　　　　　　　　　　　　　　　　　　 利用wheel安装 　　　　　 ★ 安装结果验证 安装xpath插件 —— ★ xpath软件包和文档说明的下载地址 　　　　　　　 ★ Windows操作系统下的安装方法 安装Beautiful Soup —— ★ Beautiful Soup软件包和文档说明的下载地址 　　　　　　　　　 ★ Windows操作系统下的安装方法 —— 利用pip安装 　　　　　　　　　　　　　　　　　　　　　　　　　　 利用wheel安装 　　　　　　　　　 ★ 安装结果验证		

笔记栏

2．引导性问题

（1）在 Python 中如何安装第三方库？

_____

_____

_____

（2）爬虫获取静态网页数据，需要安装哪些第三方软件库？

_____

_____

_____

（3）什么是网络爬虫？为什么要选择 Python 编写网络爬虫程序？

_____

_____

_____

（4）为什么 Python 适合编写爬虫程序？

_____

_____

_____

3．探究性问题

（1）本次任务是在 Windows 操作系统下搭建网络爬虫环境，思考一下，如何在 Linux 操作系统下搭建网络爬虫环境？

_____

_____

_____

（2）请你整理一下自己在网络爬虫环境搭建过程中出现的问题。

_____

_____

_____

学习资料

1. 爬虫基本概念

网络爬虫是一种按照一定的规则自动、批量化地爬取万维网信息的程序或者脚本。从预先设定的一个或若干个初始网页的 URL 开始，按照一定的规则爬取网页，获取初始网页上的 URL 列表，每当抓取一个网页时，爬虫程序会提取该网页新的 URL 并放入到未爬取的队列中去，循环地从未爬取的队列中取出一个 URL 再次进行新一轮的爬取，不断地重复上述过程，直到队列中的 URL 抓取完毕或者达到其他的既定条件，爬虫才会结束，具体的对静态网页数据的爬取流程如图 1-1-1 所示。

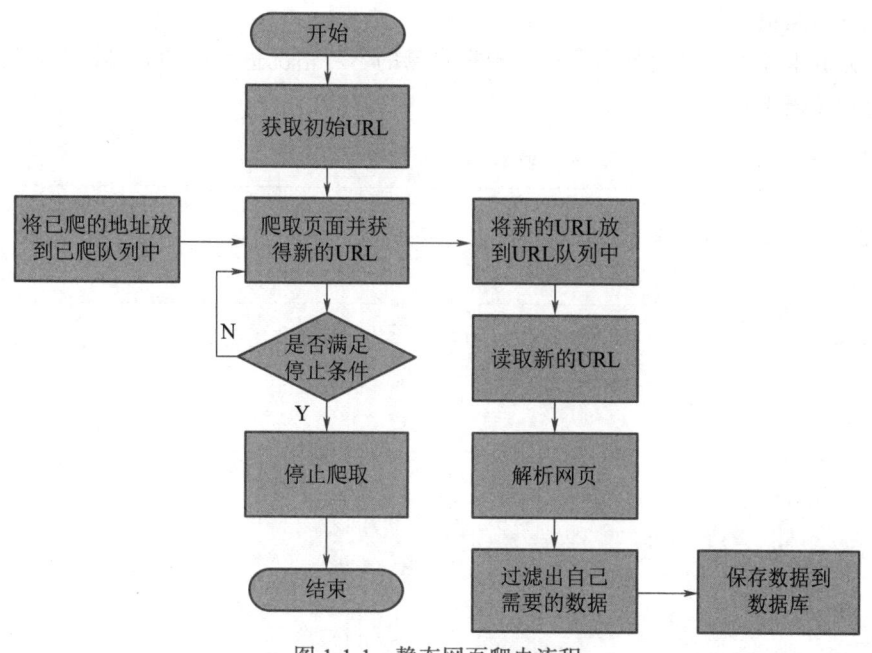

图 1-1-1　静态网页爬虫流程

网络爬虫按照系统结构和实现技术不同，大致可以分为通用网络爬虫（general purpose web crawler）、聚焦网络爬虫（focused web crawler）、增量式网络爬虫（incremental web crawler）、深层网络爬虫（deep web crawler）等几种类型。

1）通用网络爬虫

通用网络爬虫又称全网爬虫（scalable web crawler），爬取的对象从一些种子 URL 扩充到整个 Web，主要为门户站点搜索引擎和大型 Web 服务提供商采集数据。

2）聚焦网络爬虫

聚焦网络爬虫又称主题网络爬虫（topical crawler），是指选择性地爬取那些与预先定义好的主题相关页面的网络爬虫。

3）增量式网络爬虫

增量式网络爬虫是指对已下载网页采取增量式更新，或者只爬取新产生的或

笔记栏

者已经发生变化网页的网络爬虫，它能够在一定程度上保证所爬取的页面是尽可能新的页面。增量式爬虫只会在需要的时候爬取新产生或发生更新的页面，并不重新下载没有发生变化的页面，可有效地减少数据下载量，及时更新已爬取的网页，减少时间和空间上的耗费。

4）深层网络爬虫

Web 页面按照存在方式可以分为表层网页（surface web）和深层网页（deep web，也称 invisible web pages 或 hidden web）。表层网页是指传统搜索引擎可以索引的页面，以超链接可以到达的静态网页为主构成的 Web 页面。Deep Web 大部分内容不能通过静态链接获取，其隐藏在搜索表单后，是只有在用户提交一些关键词时才能获得的 Web 页面。针对这两种网页的爬虫分别称为表层网络爬虫和深层网络爬虫。

完成上述学习资料的学习后，根据自己的学习情况进行归纳总结，并填写学习笔记（表 1-1-4）。

表 1-1-4　学习笔记

主题		
内容		问题与重点
总结		

2. 爬虫实现原理

1）通用网络爬虫工作原理

通用网络爬虫从一个或若干初始网页的 URL 开始，获得初始网页上的 URL，在抓取网页的过程中，不断地从当前页面上抽取新的 URL 放入队列，直到满足系统的一定停止条件。其爬取数据的流程如图 1-1-2 所示。

如图 1-1-2 所示，通用网络爬虫分为以下几个步骤：

（1）获取初始 URL。初始 URL 地址可以由用户指定，也可以由用户指定的一个或几个初始爬取的网页来决定。

（2）根据初始 URL 爬取数据并获得新的 URL。获得初始 URL 地址之后，需要对对应的网页进行爬取，并将网页信息存储到原始数据库中，同时将已爬取的 URL 地址存放到一个 URL 列表中，并发现新的 URL 地址，以此来去重并判断爬取的进程。

（3）将新的 URL 放到 URL 队列中。在第（2）步中，会将新获取的 URL 地址放到 URL 队列中。

（4）重复爬取过程。从 URL 队列中读取新的 URL，并依据新的 URL 爬取数据，同时再从新网页中获取新 URL，并重复上述的爬取过程。爬虫系统一般会设置相应的停止条件，当爬取过程满足爬虫系统设置的停止条件时就停止爬取。如果没有设置停止条件，爬虫将会一直爬取下去，直到无法获取新的 URL 地址为止。

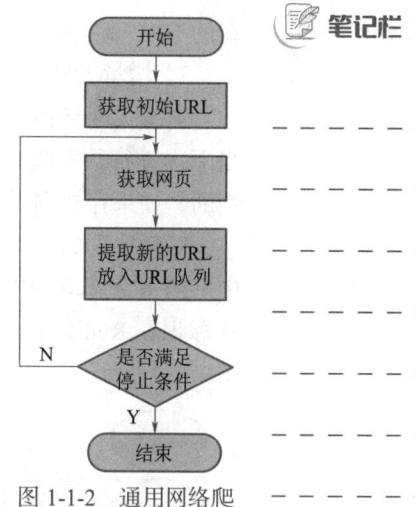

图 1-1-2　通用网络爬虫的流程

2）聚焦网络爬虫工作原理

聚焦网络爬虫根据一定的网页分析算法过滤与主题无关的链接，保留有用的链接，并将其放入等待抓取的 URL 队列。然后根据一定的搜索策略从队列中选择下一步要抓取的网页 URL，并重复上述过程，直到达到系统的某一条件时停止。聚焦爬虫的流程如图 1-1-3 所示。

如图 1-1-3 所示，聚焦网络爬虫分为以下几个步骤：

（1）对爬取目标的定义和描述。依据爬取的需求定义好聚焦网络爬虫爬取的目标及进行相关描述。

（2）获取初始的 URL。

（3）根据初始的 URL 爬取页面数据，并获得新的 URL。

（4）从新的 URL 中过滤掉与爬取目标无关的链接，将已爬取的 URL 地址存放到一个 URL 列表中，用于去重并判断爬取的进程。

（5）将过滤后的链接放到 URL 队列中。

（6）根据搜索算法，从 URL 队列中确定 URL 的优先级以及下一步需要爬取的 URL 地址。

（7）从下一步需要爬取的 URL 地址中，读取新的 URL，依据新的 URL 地址爬取网页数据，并重复上述爬取过程。满足系统中设置的停止条件，或无法获取

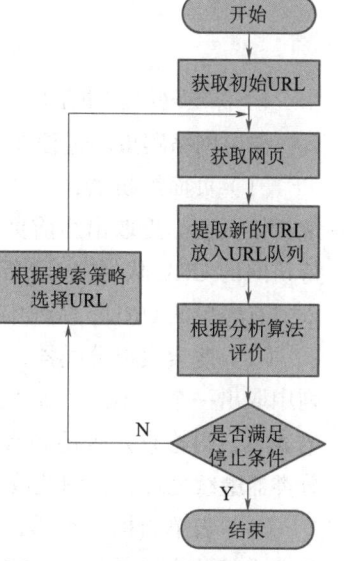

图 1-1-3　聚焦网络爬虫的流程

新的 URL 地址时，停止爬取数据。

3）增量式网络爬虫工作原理

增量式网络爬虫将爬取过程中产生的 URL 进行存储，存储在 Redis 的 Set 中。当下次进行数据爬取时，对将要发起的请求对应的 URL 与存储的 URL 进行比较判断，如果存在则不进行请求，否则才进行请求。

对爬取到的网页内容进行唯一标识的制定，将该唯一标识存储至 Redis 的 Set 中。当下次爬取到网页数据的时候，在进行持久化存储之前，先判断该数据的唯一标识在 Redis 的 Set 中是否存在，再决定是否进行持久化存储。具体的步骤如图 1-1-4 所示。

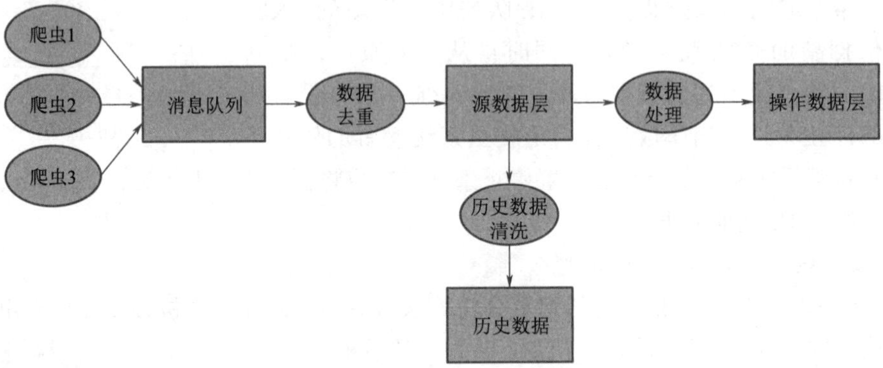

图 1-1-4 增量式网络爬虫的步骤

4）深层网络爬虫工作原理

深层网络爬虫的过程如下：

（1）页面解析器，负责页面的搜集和解析。当成功抓取一个页面后，就开始解析该页面。提取出当前页面中的所有 URL，经过规范化处理和去重后，放入等待访问的 URL 队列中；分析当前页面中是否含有表单，如果含有表单，就将其放入"有表单的 URL"队列中做进一步处理，否则不再进行处理。

（2）搜索表单分类器，负责分析表单是否为可搜索。从"有表单的 URL"队列中取出一个 URL，用启发式规则（如是否含有密码框等）来排除不可搜索表单的表单，再检查是否还剩有表单，如果还剩有表单，则将该页面提交给表单结构分类器继续处理，否则就放弃该页面，不再进行处理。

（3）表单结构分类器，负责将表单分为单属性或多属性。有些可搜索表单只有很少的几个表单域，仅仅凭这些表单域的标签很难判断出它与某个主题的相关性，需要借助页面中的其他内容来判断主题相关性。首先从可搜索表单候选集中取出一个表单，检查该表单中的可见表单域，如果可见表单域的个数大于 2，就将其归入多属性表单，然后再提交给标签抽取器；如果可见表单域的个数为 1 或 2，则将其归入单属性表单，然后再提交给主题页面分类器。

（4）标签抽取器，负责从表单中提取标签。为了帮助用户理解表单中每个表单域的含义，一般都会在其附近放置 Label 标记或者是一些描述该表单域的说明性文字，以方便用户填充该表单域，可以用标签抽取器抽取这些文字，以进一步判断该表单所对应数据库是属于哪个主题的。

（5）标签主题分类器，负责根据表单域标签对该表单作主题分类。根据标签抽取器抽取到的表单域标签，经过去除停用词、提取词根等处理后，按照给定的主题对该表单作分类处理。

（6）页面主题分类器，负责根据页面内容对该表单作主题分类。由于单属性表单中的标签过少，不便于直接用来分类，所以就提取该表单所在页面的文本作为分类依据，同样也要作去除停用词、提取词根等处理。

（7）表单填充与提交，在分析完表单的主题相关性后，可以根据表单域与主题词的匹配关系，向表单中的各个表单域（主要是文本框）填充相应的内容，然后向服务器提交该表单。

（8）响应结果分析，服务器接收到提交的表单后，就会根据生成的查询去后台数据库中查找符合该查询条件的数据，最后将查询结果返回。如果返回页面中包含有查询结果，且页面布局符合深层网结果，则认为找到的是深层网入口，将其加入到深层网入口队列，并更新主题词库，若不符合，则认为不是深层网的入口；如果返回结果提示没有找到任何结果，则调整主题词的分配策略继续提交，直到没有合适的主题词。

完成上述学习资料的学习后，根据自己的学习情况进行归纳总结，并填写学习笔记（表 1-1-5）。

表 1-1-5　学习笔记

主题		
内容		问题与重点
总结		

 笔记栏

Requests库的
安装

3. 静态网页爬虫环境搭建

1）安装Requests模块

Requests 库用 Python 语言编写，是基于 urllib 采用 Apache2 Licensed 开源协议的 HTTP 库。由于 Requests 库属于第三方库，需要手动进行安装。Requests 库可以从 GitHub、PyPI、Requests 官方网站、Requests 中文官方文档等处下载。Requests 库在 Windows 系统下的安装方法如下：

（1）利用 pip 安装。在命令行界面中运行 pip install requests 命令，即可完成 Requests 库的安装。

（2）利用 wheel 安装

本次任务使用 2.27.1 版本的 Requests 库，从 PyPI 网站将 requests-2.27.1-py2.py3-none-any.whl 文件下载到本地。

在命令行界面进入 wheel 文件目录，利用 pip 执行 pip install requests-2.27.1-py2.py3-none-any.whl 命令，安装 Requests 软件包。

（3）利用源码进行安装

从 GitHub 网站下载 Requests 软件包，下载完成后，进入目录，执行如下命令即可以进行 Requests 库的安装：

```
cd requests
python3  setup.py install
```

2）验证Requests模块是否安装成功

进入 Python3 的命令行模式，输入 import requests 命令，如果没有错误提示，证明已经成功安装 Requests 库。

3）lxml的安装

lxml 是 XML 和 HTML 的解析器，其主要功能是解析和提取 XML、HTML 中的数据，由于 lxml 属于第三方库，需要手动进行安装。

lxml库的安装

lxml 模块可以从 GitHub、PyPI、lxml 官方网址等处下载，lxml 在 Windows 系统下的安装方法如下：

（1）利用 pip 安装。在命令行界面中运行 pip install lxml 命令，即可完成 lxml 库的安装。

（2）利用 wheel 安装。从本地安装的 Python 版本和系统对应的 lxml 版本，例如 Windows 64 位、Python 3.6，就选择 lxml-4.8.0-cp36-cp36m-win_amd64.whl 下载文件，利用 pip install lxml-4.8.0-cp36-cp36m-win_amd64.whl 命令，就可以安装 lxml。

4）验证lxml是否安装成功

进入 Python3 的命令行模式，输入 import lxml 命令，如果没有错误提示，就证明已经成功安装了 lxml。

5）XPath插件安装

XPath 是在 XML 文档中查找信息的语言，使用 XPath 首先需要安装模块 lxml，其安装方法如前述，XPath 的安装过程如下：

（1）下载 XPath，下载完成后，使用 WinRAR 将 XPath 压缩成 rar 文件。

（2）打开 Chrome 浏览器，单击右上角的栏目  。

（3）单击设置并选择扩展程序，设置界面如图 1-1-5 所示。

笔记栏

XPath的安装

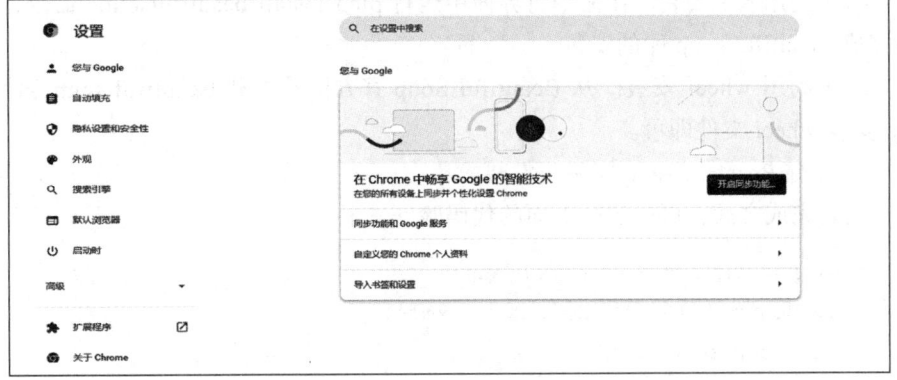

图 1-1-5　Chrome 浏览器的设置界面

扩展程序界面如图 1-1-6 所示。

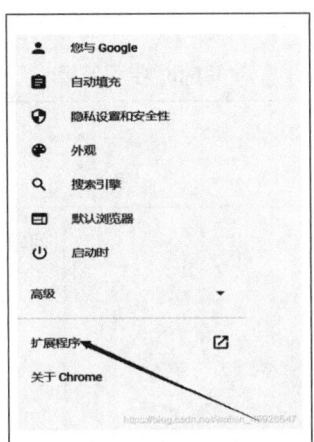

图 1-1-6　Chrome 浏览器的扩展程序界面

单击"扩展程序"，进入扩展程序搜索界面，如图 1-1-7 所示。

图 1-1-7　Chrome 浏览器的扩展程序搜索界面

 笔记栏

Beautiful Soup
库的安装

（4）将压缩好的 XPath 拖入即可。

6）Beautiful Soup库的安装

Beautiful Soup 库是可以从 HTML 或 XML 文件中提取数据的 Python 库，可以从网页中提取数据，Beautiful Soup 库属于第三方库，需要手动进行安装。Beautiful Soup 软件包可以从 PyPI、Beautiful Soup 官方网址、Beautiful Soup 中文文档网址等处下载，Beautiful Soup 库在 Windows 系统下的安装方法如下：

（1）利用 pip 安装。在命令行界面中运行 pip3 install beautifulsoup4 命令，即可完成 Beautiful soup 库的安装。

（2）利用 wheel 安装。从 Beautiful Soup 官方网站下载 Beautiful soup，使用 pip 安装 wheel 文件即可。

7）验证Beautiful soup库是否安装成功

安装完成之后，可以运行下面的代码验证一下：

```
from bs4 import BeautifulSoup
soup=BeautifulSoup('Hello', 'lxml')
print(soup.p.string)
```

如果输出结果为 Hello，表明 Beautiful soup 库安装成功。

完成上述学习资料的学习后，根据自己的学习情况进行归纳总结，并填写学习笔记（表 1-1-6）。

表 1-1-6　学习笔记

主题		
内容		问题与重点
总结		

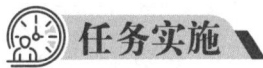任务实施

静态网页爬虫环境搭建的实施过程见表 1-1-7。

表 1-1-7　静态网页爬虫环境搭建实施过程

按照步骤完成任务的实施，具体的实施步骤为：安装 Requests 库→检验 Requests 库是否安装成功→安装 lxml 库→检验 lxml 库是否安装成功→安装 Beautiful Soup 库→检验 Beautiful Soup 库是否安装成功。 本任务以 Windows 64 系统为例进行网络爬虫环境的搭建，具体的实施过程如下：

（1）下载 Requests 库	从 PyPI 打开 Requests 下载网址，如图 1-1-8 所示。 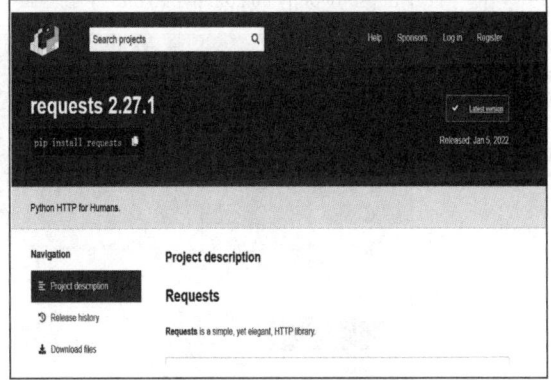 图 1-1-8　Requests 库下载界面 下载 requests-2.27.1-py2.py3-none-any.whl 软件包，如图 1-1-9 所示。 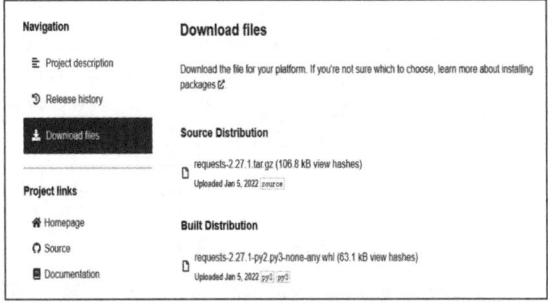 图 1-1-9　Requests 库的版本
（2）安装 Requests 库	从命令行界面进入 wheel 文件目录，利用 pip 执行 pip install requests-2.27.1-py2.py3-none-any.whl 命令，安装 Requests 软件包。安装过程如图 1-1-10 所示。 图 1-1-10　Requests 库安装过程

笔记栏

（3）验证 Requests 库是否安装成功	进入 Python3 的命令行模式，然后输入 import requests 命令，如果没有错误提示，就证明已经成功安装了 Requests 库。如图 1-1-11 所示。
	图 1-1-11　验证 Requests 库是否安装成功
（4）下载 lxml 库	打开 https://pypi.python.org/pypi/lxml，下载界面如图 1-1-12 所示。 图 1-1-12　lxml 库的下载界面 下载 lxml-4.8.0-cp36-cp36m-win_amd64.whl 软件包，如图 1-1-13 所示。 图 1-1-13　lxml 库的版本
（5）安装 lxml 库	从命令行界面进入 wheel 文件目录，利用 pip 执行 pip install lxml-4.8.0-cp36-cp36m-win_amd64.whl 命令，安装 lxml 软件包，如图 1-1-14 所示。 图 1-1-14　lxml 库的安装过程
（6）验证 lxml 库是否安装成功	进入 Python3 的命令行模式，然后输入 import lxml 命令，如果没有错误提示，如图 1-1-15 所示，就证明已经成功安装了 lxml 库。 图 1-1-15　验证 lxml 库是否安装成功

（7）下载 BeautifulSoup 软件包	从 PyPI 打开 Beautiful soup4 下载网址，如图 1-1-16 所示。 ![beautifulsoup4 4.10.0 下载界面] 图 1-1-16　Beautiful Soup 库的下载界面 下载 beautifulsoup4-4.10.0-py3-none-any.whl 软件包，如图 1-1-17 所示。 ![beautifulsoup4-4.10.0-py3-none-any.whl (97.4 kB view hashes) Uploaded Sep 8, 2021 py3] 图 1-1-17　Beautiful Soup 库的软件包
（8）安装 BeautifulSoup 库	从命令行界面进入 wheel 文件目录，利用 pip 执行 pip install beautifulsoup4-4.10.0-py3-none-any.whl 命令，安装 Beautiful Soup 软件包，如图 1-1-18 所示。 ``` E:\my>pip install beautifulsoup4-4.10.0-py3-none-any.whl Processing e:\my\beautifulsoup4-4.10.0-py3-none-any.whl Collecting soupsieve>1.2 (from beautifulsoup4==4.10.0) ``` 图 1-1-18　Beautiful Soup 库安装过程
（9）验证 BeautifulSoup 是否安装成功	运行下面的代码验证一下： ``` from bs4 import BeautifulSoup soup=BeautifulSoup('Hello', 'lxml') print(soup.p.string) ``` 运行结果如下： ``` Hello ```

任务评价

　　上述任务完成后，填写表 1-1-8，对知识点的掌握情况进行自我评价，并进行学习总结。

Python 爬虫与数据采集

 **笔记栏**

表 1-1-8　自我评价、总结表

任务 1 静态网页爬虫环境搭建自我测评与总结			
考核项目	任务知识点	自我评价	学习总结
爬虫 概念	什么是爬虫	☐ 没有掌握 ☐ 基本掌握 ☐ 完全掌握	
	爬虫的作用和类型	☐ 没有掌握 ☐ 基本掌握 ☐ 完全掌握	
	爬虫的基本原理	☐ 没有掌握 ☐ 基本掌握 ☐ 完全掌握	
Requests 安装	下载 Requests 库	☐ 没有掌握 ☐ 基本掌握 ☐ 完全掌握	
	安装 Requests 库	☐ 没有掌握 ☐ 基本掌握 ☐ 完全掌握	
	验证 Requests 库是否安装成功	☐ 没有掌握 ☐ 基本掌握 ☐ 完全掌握	
lxml 的安装	下载 lxml 库	☐ 没有掌握 ☐ 基本掌握 ☐ 完全掌握	
	安装 lxml 库	☐ 没有掌握 ☐ 基本掌握 ☐ 完全掌握	
	验证 lxml 库是否安装成功	☐ 没有掌握 ☐ 基本掌握 ☐ 完全掌握	
XPath 的安装	下载 XPath	☐ 没有掌握 ☐ 基本掌握 ☐ 完全掌握	
	安装 XPath	☐ 没有掌握 ☐ 基本掌握 ☐ 完全掌握	

续表  笔记栏

考核项目	任务知识点	自我评价	学习总结
XPath 的安装	验证 XPath 是否安装成功	□ 没有掌握 □ 基本掌握 □ 完全掌握	
BeautifulSoup 的安装	下载 BeautifulSoup 库	□ 没有掌握 □ 基本掌握 □ 完全掌握	
	安装 BeautifulSoup 库	□ 没有掌握 □ 基本掌握 □ 完全掌握	
	验证 BeautifulSoup 库是否安装成功	□ 没有掌握 □ 基本掌握 □ 完全掌握	

本任务结束后，填写表 1-1-9 进行小组评价、教师评价，并反馈学习、实践中存在的问题。

表 1-1-9　任务评价表

任务 1	静态网页爬虫环境搭建			
序号	检查项目	检查标准	小组评价	教师评价
1	爬虫基本概念	• 能说明什么是爬虫 • 是否知道爬虫的类型 • 是否知道爬虫基本原理		
2	Requests 库的安装	• 是否能自行完成 Requests 库的下载 • 是否成功完成 Requests 库的安装 • 掌握检查 Requests 库是否安装成功的方法		
3	lxml 库的安装	• 是否能自行完成 lxml 库的下载 • 是否成功完成 lxml 库的安装 • 掌握检查 lxml 库是否安装成功的方法		
4	XPath 的安装	• 是否能自行完成 XPath 库的下载 • 是否成功完成 XPath 库的安装 • 掌握检查 XPath 库是否安装成功的方法		

笔记栏

续表

序号	检查项目	检查标准	小组评价	教师评价
5	BeautifulSoup 的安装	• 是否能自行完成 BeautifulSoup 库的下载 • 是否成功完成 BeautifulSoup 库的安装 • 掌握检查 BeautifulSoup 库是否安装成功的方法		

检查评价	班　级		第　组	组长签字
	教师签字		日　期	
	评语：			

任务 2　爬取北京市旅游景点信息

任务分析

爬取北京市旅游景点信息任务进行任务分析，见表 1-2-1。

表 1-2-1　任务分析

任务 2	爬取北京市旅游景点信息	学时	4
典型工作过程描述	分析网站→数据定位→发送请求并获取网站 HTML 代码→爬取北京市旅游景点信息		
任务目标	本任务要求使用 Requests 模拟浏览器向网站发送请求，获取北京市旅游景点信息数据，具体要达到任务目标如下： • 能够使用 Chorme 浏览器的开发者工具，分析网站、数据定位； • 能够使用 Requests 库进行网络连接并模拟浏览器向网站发送请求并获取网站 HTML 代码； • 能够实现多页数据的爬取		
任务描述	在"去哪儿"网站上找到旅游目的地——北京，编写程序爬取北京市旅游景点信息： • 了解如何查看网页 HTML 源码并查找抓取规律； • 批量获取数据页面 URL； • 访问页面并获取北京市旅游景点数据。 难点：访问页面并获取北京市旅游景点数据		

任务 2	爬取北京市旅游景点信息	学时	4
工作思路	• 执行流程：网页访问→确定抓取的内容→确定数据的 URL →定位位置，抓取信息。 • 设计过程：分析网页代码→批量获取数据页面 URL →利用 Requests 库模拟浏览器获取北京市旅游景点信息		
任务要求	完成本任务后，将能够： • 了解如何查看网页 HTML 源码并查找抓取规律； • 掌握 Requests 库的使用方法，能利用该库爬取北京市旅游景点信息		

 导　学

1. 任务导学

请先按照导学信息进行相关知识点的学习，掌握一定的操作技能后，然后进行任务的实施，并对实施的效果进行自我评价。本任务知识和技能的导学单见表 1-2-2。

表 1-2-2　爬取北京市旅游景点信息导学单

任务名称		知识和技能要求
爬取北京市旅游景点信息	1	HTTP基本原理 💡 HTTP请求 　★ 请求头 ── 方法 ── GET / POST / HEAD / DELETE / PUT / OPTIONS / CONNECT / TRACE 　　　　　路径 　　　　　版本 　★ 消息报头 ── 通用头 　　　　　　请求头 ── Host / User-Agent / Cookie / Referer 　　　　　　实体头 ── Content-Length 　★ 请求正文 💡 HTTP响应 　★ 状态行 ── 版本 　　　　　状态码 ── 信息响应类 / 处理成功响应类 / 重定向响应类 / 客户端错误 / 服务器内部错误 　★ 消息报头 ── 通用头 ── Date 　　　　　　响应头 ── set-cookie 　　　　　　实体头 ── content-type / content-encoding / content-length 　★ 响应正文 ── 网页源代码

任务名称	知识和技能要求
	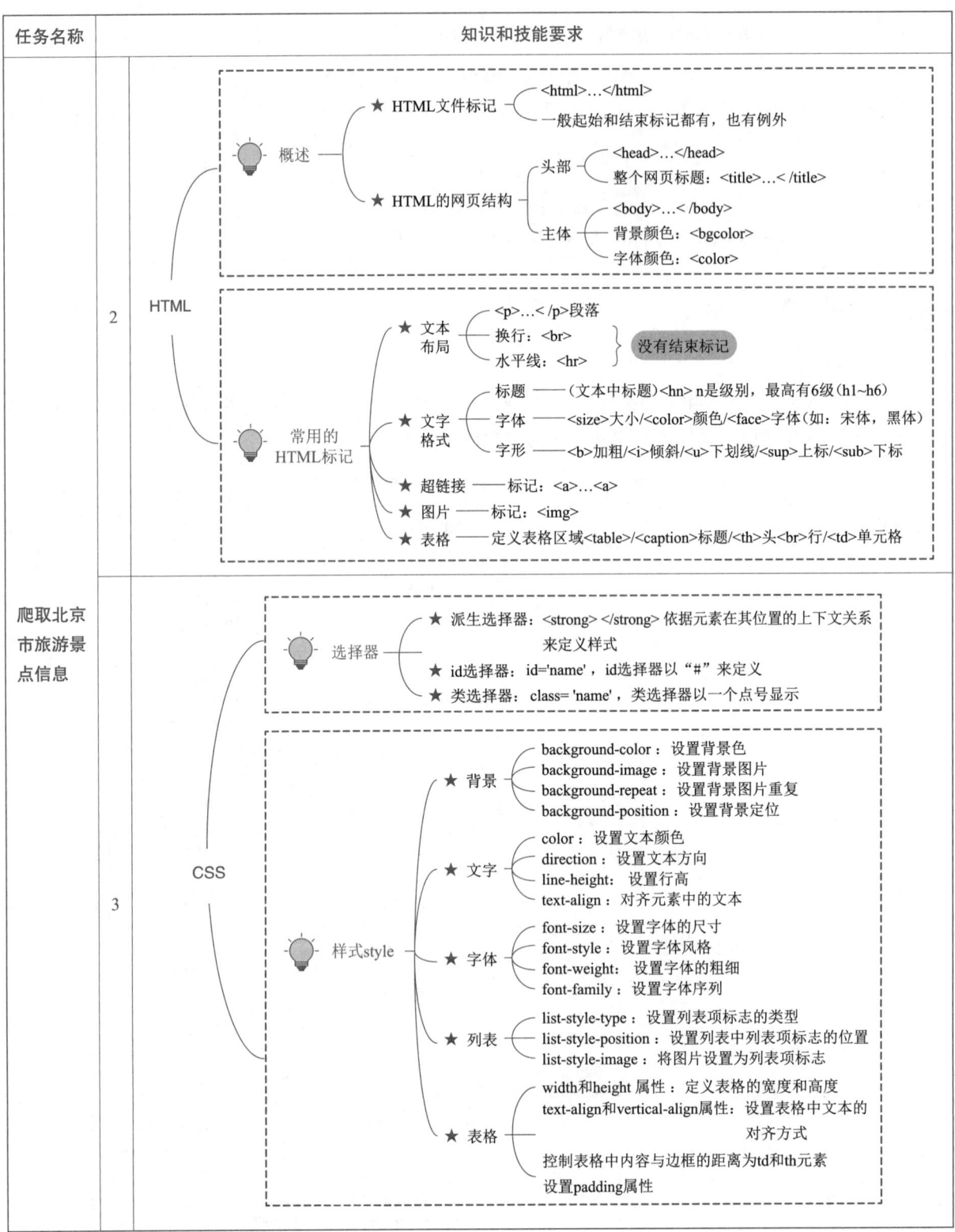

2 HTML

概述
★ HTML文件标记 —— <html>…</html>
—— 一般起始和结束标记都有，也有例外
★ HTML的网页结构
头部 —— <head>…</head>
—— 整个网页标题：<title>…</title>
主体 —— <body>…</body>
—— 背景颜色：<bgcolor>
—— 字体颜色：<color>

常用的 HTML标记
★ 文本布局
<p>…</p>段落
换行：
水平线：<hr>
} 没有结束标记
★ 文字格式
标题 —— (文本中标题)<hn>n是级别，最高有6级(h1~h6)
字体 —— <size>大小/<color>颜色/<face>字体(如：宋体，黑体)
字形 —— <b>加粗/<i>倾斜/<u>下划线/<sup>上标/<sub>下标
★ 超链接 —— 标记：<a>…<a>
★ 图片 —— 标记：<img>
★ 表格 —— 定义表格区域<table>/<caption>标题/<th>头
行/<td>单元格

爬取北京市旅游景点信息

3 CSS

选择器
★ 派生选择器：<strong></strong> 依据元素在其位置的上下文关系来定义样式
★ id选择器：id='name'，id选择器以"#"来定义
★ 类选择器：class='name'，类选择器以一个点号显示

样式style
★ 背景
background-color：设置背景色
background-image：设置背景图片
background-repeat：设置背景图片重复
background-position：设置背景定位
★ 文字
color：设置文本颜色
direction：设置文本方向
line-height：设置行高
text-align：对齐元素中的文本
★ 字体
font-size：设置字体的尺寸
font-style：设置字体风格
font-weight：设置字体的粗细
font-family：设置字体序列
★ 列表
list-style-type：设置列表项标志的类型
list-style-position：设置列表中列表项标志的位置
list-style-image：将图片设置为列表项标志
★ 表格
width和height 属性：定义表格的宽度和高度
text-align和vertical-align属性：设置表格中文本的对齐方式
控制表格中内容与边框的距离为td和th元素设置padding属性

任务名称		知识和技能要求
爬取北京市旅游景点信息	3 CSS	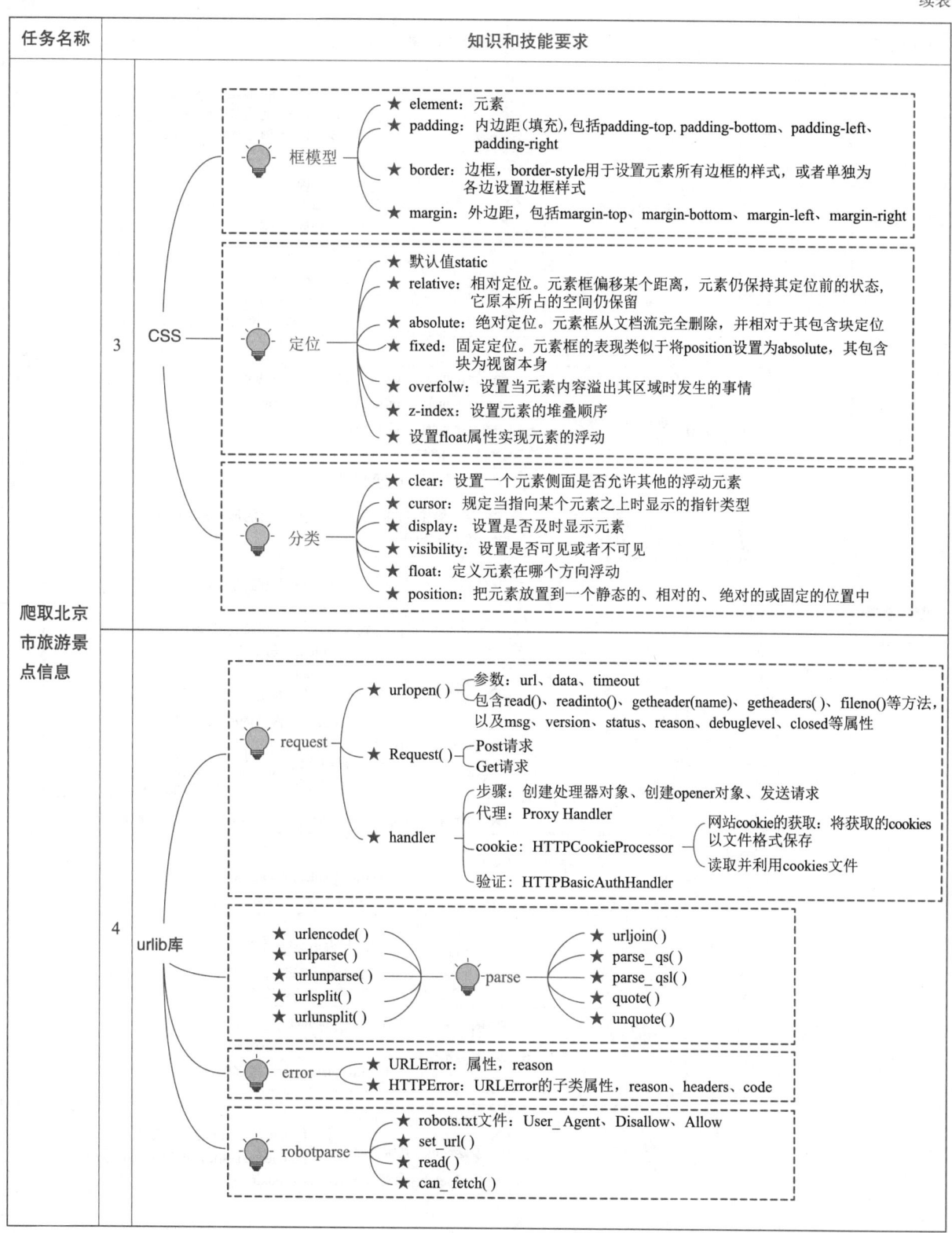
	4 urllib库	

框模型
★ element：元素
★ padding：内边距(填充),包括padding-top. padding-bottom、padding-left、padding-right
★ border：边框，border-style用于设置元素所有边框的样式，或者单独为各边设置边框样式
★ margin：外边距，包括margin-top、margin-bottom、margin-left、margin-right

定位
★ 默认值static
★ relative：相对定位。元素框偏移某个距离，元素仍保持其定位前的状态，它原本所占的空间仍保留
★ absolute：绝对定位。元素框从文档流完全删除，并相对于其包含块定位
★ fixed：固定定位。元素框的表现类似于将position设置为absolute，其包含块为视窗本身
★ overfolw：设置当元素内容溢出其区域时发生的事情
★ z-index：设置元素的堆叠顺序
★ 设置float属性实现元素的浮动

分类
★ clear：设置一个元素侧面是否允许其他的浮动元素
★ cursor：规定当指向某个元素之上时显示的指针类型
★ display：设置是否及时显示元素
★ visibility：设置是否可见或者不可见
★ float：定义元素在哪个方向浮动
★ position：把元素放置到一个静态的、相对的、绝对的或固定的位置中

request
★ urlopen( ) — 参数：url、data、timeout — 包含read()、readinto()、getheader(name)、getheaders( )、fileno()等方法，以及msg、version、status、reason、debuglevel、closed等属性
★ Request( ) — Post请求 / Get请求
★ handler — 步骤：创建处理器对象、创建opener对象、发送请求 / 代理：Proxy Handler / cookie：HTTPCookieProcessor — 网站cookie的获取：将获取的cookies以文件格式保存 / 读取并利用cookies文件 / 验证：HTTPBasicAuthHandler

parse
★ urlencode( )
★ urlparse( )
★ urlunparse( )
★ urlsplit( )
★ urlunsplit( )
★ urljoin( )
★ parse_qs( )
★ parse_qsl( )
★ quote( )
★ unquote( )

error
★ URLError：属性，reason
★ HTTPError：URLError的子类属性，reason、headers、code

robotparse
★ robots.txt文件：User_Agent、Disallow、Allow
★ set_url( )
★ read( )
★ can_fetch( )

任务名称		知识和技能要求

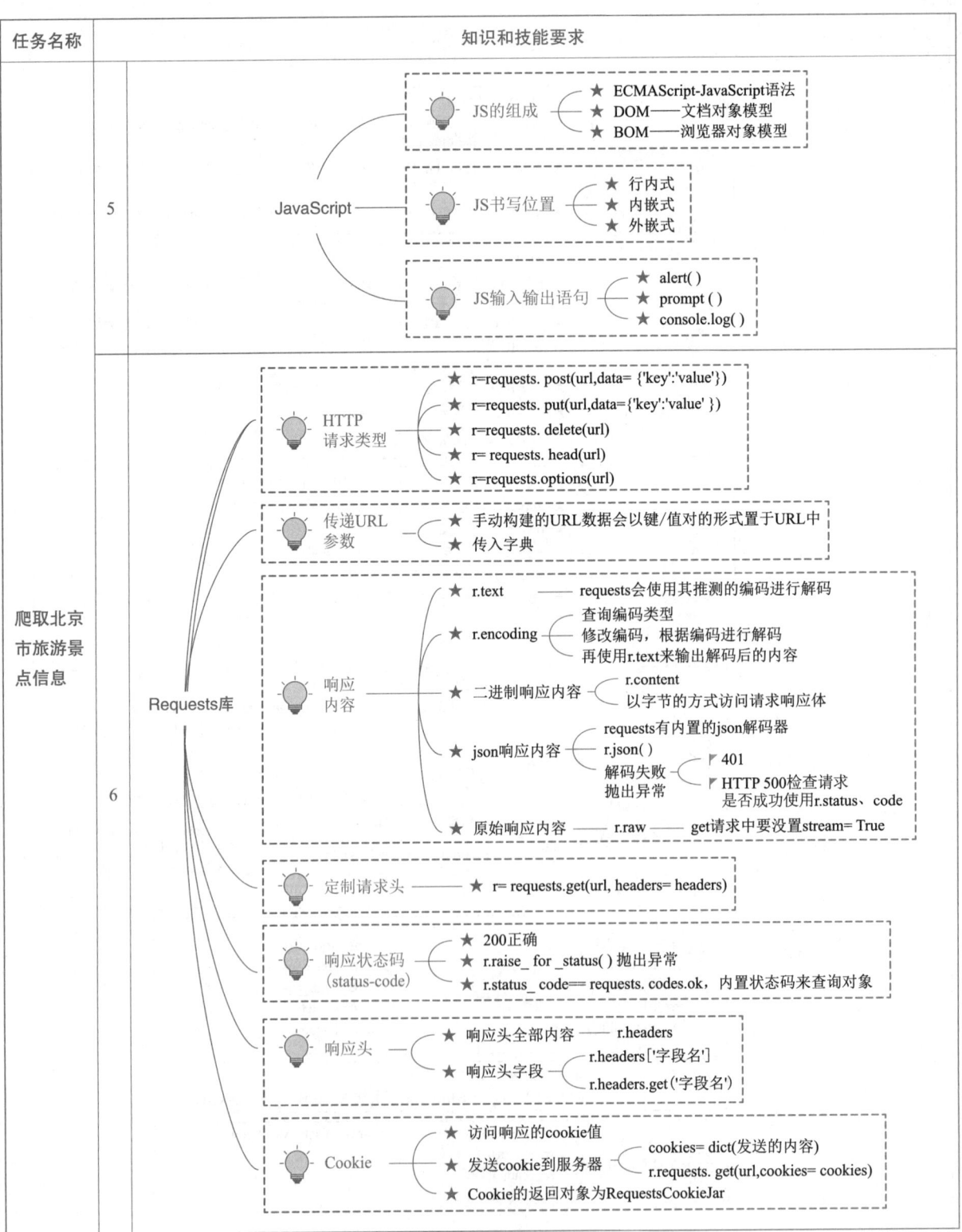

任务名称		知识和技能要求
爬取北京市旅游景点信息	6	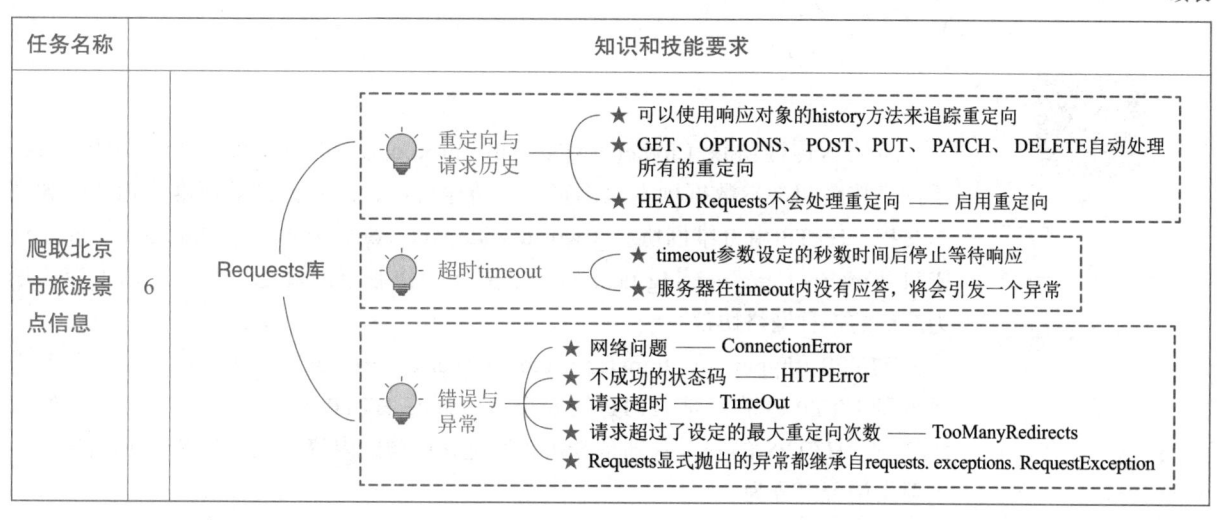

2. 引导性问题

（1）拿到一个 HTML 代码文本，如果你想获取其中一些字段信息，该如何获取？

_____

_____

_____

（2）你认为爬虫程序可以分为几个部分？

_____

_____

_____

3. 探究性问题

（1）Requests 库与 urllib3 库哪个更好用，为什么？

_____

_____

_____

（2）使用 Requests 库的注意事项有哪些？

_____

_____

_____

HTTP协议

 学习资料

1. HTTP

1）概述

超文本传输协议（hyper text transfer protocol，HTTP）是一个应用层协议，是网络传输超文本数据到本地浏览器的传送协议，能保证高效而准确地传送超文本文档。HTTP 由万维网协会（world wide web consortium）和 Internet 工作小组 IETF（internet engineering task force）共同合作制定的规范，是互联网上应用最为广泛的一种网络协议。

HTTPS（hyper text transfer protocol over secure socket layer）是以安全为目标的 HTTP 通道，是 HTTP 的安全版，即在 HTTP 下加入了 SSL 层，简称为 HTTPS。HTTPS 的安全基础是 SSL，通过它传输的内容都是经过 SSL 加密的，其主要作用可以分为：

（1）加密。通过 HTTPS 传输的数据始终会被加密，保证信息的高度安全。

（2）保护。与将数据保存在客户端系统上的 HTTP 不同，用户的任何数据都不会以 HTTPS 形式存储在客户端系统中。因此，数据在公共场所不存在被盗的风险。

（3）数据验证。HTTPS 通过握手进行数据验证过程。正在发生的所有数据传输以及发送方和接收方等组件都经过验证。仅当验证成功时才会发生数据传输。如果不是，则中止操作。

2）URL和URI

（1）URL。URL（uniform fesource Locator）是统一资源定位符，也被称为网页地址（网址），是因特网上标准的资源地址（address），已经被万维网联盟编制为因特网标准 RFC1738。

URL 是 URI 的一个子集，其完整定义如下：

协议类型 :[//[访问资源需要的凭证信息 @] 服务器地址 [: 端口号]][/ 资源层级 UNIX 文件路径] 文件名 [? 查询][# 片段 ID]

每个部分的含义如下：

- 协议类型：HTTP、HTTPS、FTP、mailto 等协议。
- 层级 URL 标记符号：为 [//]，固定不变。
- 访问资源需要的凭证信息：可省略。
- 服务器：域名或者 IP 地址。
- 路径：以 "/" 字符区别路径中的每一个目录名称。
- 查询：GET 模式的窗体参数，以 "?" 字符为起点，每个参数以 "&" 隔开，再以 "=" 分开参数名称与数据，通常以 UTF-8 的 URL 编码，避开字符冲突的问题。
- 片段：以 "#" 字符为起点。

（2）URI。URI（uniform resource identifier，统一资源标识符）是一个用于

标识某一互联网资源名称的字符串。该标识允许用户对任何（包括本地和互联网）的资源通过特定的协议进行交互操作。URI 由确定语法和相关协议方案所定义。URI 也是一串字符，通过使用位置、名称或两者一起来标识 Internet 上的资源。

URN（uniform resource name，统一资源名称），是 URI 的两种形式之一，唯一标识一个实体的标识符，但是它不能给出实体的位置。系统可以先在本地寻找一个实体，在 Web 上找到该实体之前，它允许 Web 位置改变。URL、URI 与 URN 的关系如图 1-2-1 所示。

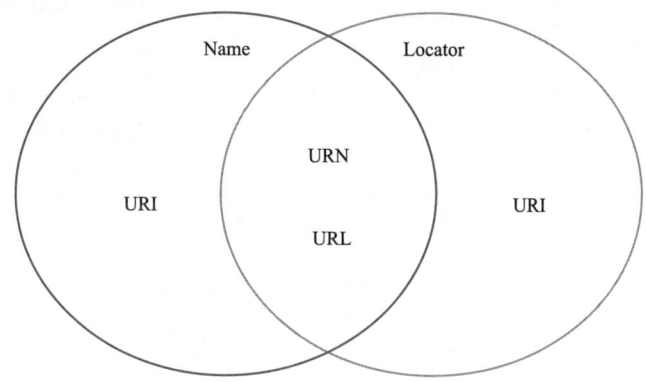

图 1-2-1   URL、URI 与 URN 的关系

3）HTTP 请求

在浏览器中输入一个 URL，回车之后便会在浏览器中观察到页面内容。实际上，这个过程是浏览器向网站所在的服务器发送了一个请求，网站服务器接收到这个请求后进行处理和解析，然后返回对应的响应，传回给浏览器。响应里包含了页面的源代码等内容，浏览器对其进行解析，便将网页呈现出来。

请求是由客户端向服务端发出，可以分为四部分内容：包括请求方法（request method）、请求的网址（request URL）、请求头（request headers）、请求体（request body）等。

（1）请求方法。在客户端和服务器之间进行"请求 - 响应"时的两种最常用的方法是 GET 方法和 POST 方法。

• GET 方法是指向指定的资源请求数据。在浏览器中直接输入 URL 并回车，便发起了一个 GET 请求，请求的参数会直接包含到 URL 里。例如，在百度中搜索 BeiJing，这就是一个 GET 请求，链接为 https://www.baidu.com/s?wd=BeiJing，如图 1-2-2 所示。其中 URL 中包含了请求的参数信息，这里参数 wd 表示要搜索的关键字。

• POST 方法是指向指定的资源提交要被处理的数据。例如在登录表单中，输入用户名和密码后，单击"登录"按钮，通常就会发起一个 POST 请求，其数据通常以表单的形式传输，而不会体现在 URL 中。对 GET 和 POST 两种 HTTP 方法进行比较见表 1-2-3。

图 1-2-2　GET 请求

表 1-2-3　GET 和 POST 两种 HTTP 方法比较

比较项目	GET	POST
后退按钮 / 刷新	无害	数据会被重新提交
书签	可收藏为书签	不可收藏为书签
缓存	能被缓存	不能被缓存
编码类型	application/x-www-form-urlencoded	application/x-www-form-urlencoded or multipart/form-data
历史	参数保留在浏览器历史中	参数不会保存在浏览器历史中
对数据长度的限制	URL 的长度是受限制的（URL 的最大长度是 2 048 个字符）	无限制
对数据类型的限制	只允许 ASCII 字符	没有限制、也允许二进制数据
安全性	与 POST 相比，GET 的安全性较差，所发送的数据是 URL 的一部分，在发送密码或其他敏感信息时绝不要使用 GET	POST 比 GET 更安全，参数不会被保存在浏览器历史或 Web 服务器日志中
可见性	数据在 URL 中对所有人都是可见的	数据不会显示在 URL 中

除了 GET 或 POST 请求，HTTP 还有一些其他请求方法，包括 HEAD、PUT、DELETE、OPTIONS、CONNECT、TRACE 等，见表 1-2-4。

表 1-2-4 HTTP 的其他请求方法

 笔记栏

方　法	描　述
HEAD	类似于 GET 请求，只不过返回的响应中没有具体的内容，用于获取报头
PUT	从客户端向服务器传送的数据取代指定文档中的内容
DELETE	请求服务器删除指定的页面
CONNECT	把服务器当作跳板，让服务器代替客户端访问其他网页
OPTIONS	允许客户端查看服务器的性能
TRACE	回显服务器收到的请求，主要用于测试或诊断

（2）请求的网址。请求的网址，即统一资源定位符（URL），它可以唯一确定请求的资源。

（3）请求头。请求头用来说明服务器要使用的附加信息，包含的一些常用的头信息如下：

· Accept：请求报头域，用于指定客户端可接受哪些类型的信息，内容类型中的先后次序表示客户端接收的先后次序。

· Accept-Language：指定 HTTP 客户端浏览器用来展示返回信息所优先选择的语言。

· Accept-Encoding：指定客户端浏览器可以支持的 Web 服务器返回内容压缩编码类型。表示允许服务器在将输出内容发送到客户端以前进行压缩，以节约带宽。

· Host：用于指定请求资源的主机 IP 和端口号，其内容为请求 URL 的原始服务器或网关的位置。

· Cookie：是网站为了辨别用户进行会话跟踪而存储在用户本地的数据，主要功能是维持当前访问会话。

· Referer：用来标识这个请求是从哪个页面发过来的，服务器可以拿到这一信息并做相应的处理。

· User-Agent：简称 UA，它是一个特殊的字符串头，可以使服务器识别客户使用的操作系统及版本、浏览器及版本等信息。

· Content-Type：也称互联网媒体类型（Internet Media Type）或者 MIME 类型，在 HTTP 协议消息头中，它用来表示具体请求中的媒体类型信息。

（4）请求体。请求体一般承载的内容是 POST 请求中的表单数据，而对于 GET 请求，请求体为空。例如登录人人网时捕获到的请求和响应如图 1-2-3 所示。

笔记栏

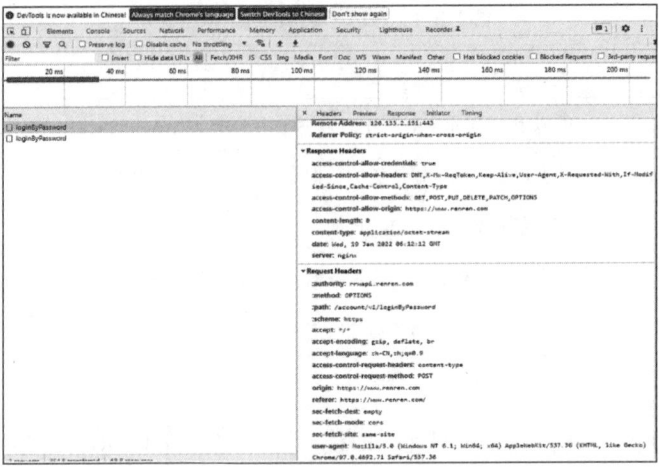

图 1-2-3 请求和响应的详细信息

知识应用练一练

查看浏览器发送请求和接收响应的过程。打开 Chrome 浏览器，右击并选择"检查"项，即可打开浏览器的开发者工具。输入 http://www.baidu.com/ 后回车，可以观察这个过程中发生的网络请求。在"Network"页面下方出现一个个的条目，其中每一个条目就代表一次发送请求和接收响应的过程，如图 1-2-4 所示。

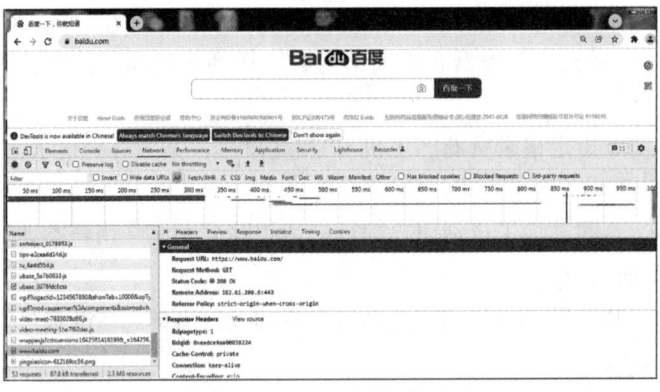

图 1-2-4 "Network"面板

先观察第一个网络请求，即 www.baidu.com，其中条目中的各列含义如图 1-2-5 所示。

Name	Sta..	Type	Initiator	Size	Time	Waterfall
u=1391285759,...	200	jpeg	jquery-1-e...	24.0...		23 ms
u=4135027491,...	200	jpeg	jquery-1-e...	22.0...		28 ms
w.gif?tag=pc_90...	200	gif	VM333:2	183 B		39 ms
w.gif?baiduid=5...	200	gif	VM333:2	183 B		45 ms
wb.gif?type=3&...	200	gif	all_async_s...	240 B		115 ms
w.gif?q=%C2%C...	200	gif	all_async_s...	400 B		41 ms
v.gif?logFrom=s...	200	json	pc-tts-play...	0 B		48 ms
w.gif?rsv_ct=8&...	200	gif	all_async_s...	400 B		18 ms
w.gif?rsv_ct=8&...	200	gif	all_async_s...	400 B		23 ms
w.gif?baiduid=5...	200	gif	VM333:2	183 B		36 ms
49 requests	1.2 MB transferred	3.0 MB resources				

图 1-2-5 网络请求信息

每一列信息具体含义如下：

• Name：请求的名称，一般会将 URL 的最后一部分内容当作名称。

• Status：响应的状态码，这里显示为 200，代表响应是正常的。通过状态码，可以判断发送请求之后是否得到了正常的响应。

• Type：请求的文档类型，这里为 document，代表这次请求的是一个 HTML 文档，内容就是一些 HTML 代码。

• Initiator：请求源，用来标记请求是由哪个对象或进程发起的。

• Size：从服务器下载的文件和请求的资源大小。如果是从缓存中取得的资源，则该列显示 from cache。

• Time：发起请求到获取响应所用的总时间。

• Waterfall：网络请求的可视化瀑布流。

单击这个条目即可看到其更详细的信息，如图 1-2-6 所示。

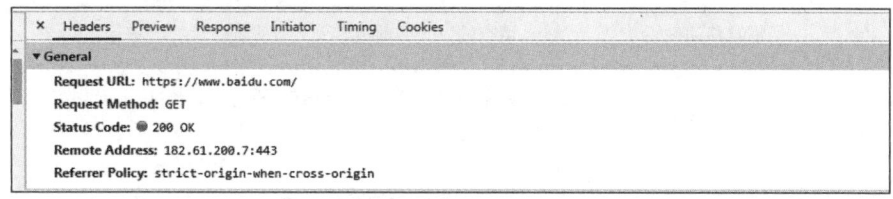

图 1-2-6　请求的详细信息

4）HTTP响应

HTTP 响应是由服务端返回给客户端的，包含响应状态码（response status code）、响应头（response headers）和响应体（response body）三个部分。

（1）响应状态码。响应状态码表示服务器的响应状态，是表示网页服务器超文本传输协议响应状态的三位数字代码。它由 RFC 2616 规范定义的，并得到 RFC 2518、RFC 2817、RFC 2295、RFC 2774 与 RFC 4918 等规范扩展。所有状态码的第一个数字代表响应的五种状态之一。常见的错误代码及错误原因见表 1-2-5。

表 1-2-5　常见的错误代码及错误原因

状态码	说　明	详　情
100	继续	请求者应当继续提出请求。服务器已收到请求的一部分，正在等待其余部分
101	切换协议	请求者已要求服务器切换协议，服务器已确认并准备切换
200	成功	服务器已成功处理了请求
201	已创建	请求成功并且服务器创建了新的资源
202	已接受	服务器已接受请求，但尚未处理

📝 **笔记栏**

状态码	说 明	详 情
203	非授权信息	服务器已成功处理了请求，但返回的信息可能来自另一个源
204	无内容	服务器成功处理了请求，但没有返回任何内容
205	重置内容	服务器成功处理了请求，内容被重置
206	部分内容	服务器成功处理了部分请求
300	多种选择	针对请求，服务器可执行多种操作
301	永久移动	请求的网页已永久移动到新位置，即永久重定向
302	临时移动	请求的网页暂时跳转到其他页面，即暂时重定向
303	查看其他位置	如果原来的请求是 POST，重定向目标文档应该通过 GET 提取
304	未修改	此次请求返回的网页未修改，继续使用上次的资源
305	使用代理	请求者应该使用代理访问该网页
307	临时重定向	请求的资源临时从其他位置响应
400	错误请求	服务器无法解析该请求
401	未授权	请求没有进行身份验证或验证未通过
403	禁止访问	服务器拒绝此请求
404	未找到	服务器找不到请求的网页
405	方法禁用	服务器禁用了请求中指定的方法
406	不接受	无法使用请求的内容响应请求的网页
407	需要代理授权	请求者需要使用代理授权
408	请求超时	服务器请求超时
409	冲突	服务器在完成请求时发生冲突
410	已删除	请求的资源已永久删除
411	需要有效长度	服务器不接受不含有效内容长度标头字段的请求

续表

状态码	说 明	详 情
412	未满足前提条件	服务器未满足请求者在请求中设置的其中一个前提条件
413	请求实体过大	请求实体过大，超出服务器的处理能力
414	请求 URI 过长	请求网址过长，服务器无法处理
415	不支持类型	请求格式不被请求页面支持
416	请求范围不符	页面无法提供请求的范围
417	未满足期望值	服务器未满足期望请求标头字段的要求
500	服务器内部错误	服务器遇到错误，无法完成请求
501	未实现	服务器不具备完成请求的功能
502	错误网关	服务器作为网关或代理，从上游服务器收到无效响应
503	服务不可用	服务器目前无法使用
504	网关超时	服务器作为网关或代理，但是没有及时从上游服务器收到请求
505	HTTP 版本不支持	服务器不支持请求中所用的 HTTP 版本

（2）响应头。响应头包含服务器对请求的应答信息，常用的响应头信息包含如下内容：

• Date：标识响应产生的时间。

• Last-Modified：指定资源的最后修改时间。

• Content-Encoding：指定响应内容的编码。

• Server：包含服务器的信息，如名称、版本号等。

• Content-Type：文档类型，指定返回的数据类型。

• Set-Cookie：设置 Cookies。响应头中的 Set-Cookie 告诉浏览器需要将此内容放在 Cookies 中，下次请求携带 Cookies 请求。

• Expires：指定响应的过期时间。

（3）响应体。HTTP 响应体就是 Web 服务器发送到客户端的实际内容，如图 1-2-7 所示。除网页外，响应体还可以是 Word、Excel 或 PDF 等其他类型的文档，具体是哪种文档类型由 Content-Type 指定的 MIME 类型决定。

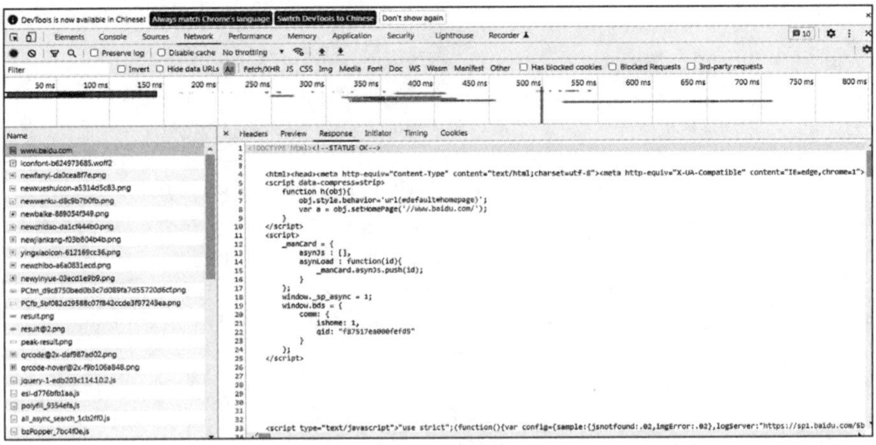

图 1-2-7　响应体

完成上述学习资料的学习后，根据自己的学习情况进行归纳总结，并填写学习笔记（表 1-2-6）。

表 1-2-6　学习笔记

主题		
内容		问题与重点
总结		

2. 网页组成

在 Chrome 浏览器里面打开任意一个页面，右击任意区域并选择"检查"选项（或者直接按快捷键【F12】），即可打开浏览器的开发者工具，在"Elements"选项卡中可看到当前网页的源代码，如图 1-2-8 所示。

图 1-2-8　网页源代码

从图 1-2-8 中可以看出，网页可以分为结构层（HTML/HTML5）、样式层（CSS/CSS3）、行为层（Java Script）三大部分。

1）HTML

网页的结构

HTML（Hyper Text Markup Language）称为超文本标记语言，是一种标识性的语言。它包括一系列标签。通过这些标签可以将网络上的文档格式统一，使分散的 Internet 资源连接为一个逻辑整体。HTML 文本是由 HTML 命令组成的描述性文本，HTML 命令可以说明文字、图形、动画、声音、表格、链接等。

超文本是一种组织信息的方式，通过超链接将文本中的文字、图表与其他信息媒体相关联。这些相互关联的信息媒体可能在同一文本中，也可能是其他文件，或是地理位置相距遥远的某台计算机上的文件。这种组织信息方式将分布在不同位置的信息资源用随机方式连接，为查找、检索信息提供方便。

HTML 的基本结构。要创建一个 HTML 文档，最简单的方法是创建一个文本文件，并将其文件扩展名设置成为这类文件规定的 ".html"。下面代码是一个 HTML 文件。

```
<!DOCTYPE html>
<html lang="en">
<head>
    <meta charset="UTF-8">
    <title>This is a example!</title>
</head>
<body>
</body>
</html>
```

上述网页实例中各个标签的含义如下：

• <!DOCTYPE html>：不是标签，是 HTML 的文档声明，告诉浏览器文件的类型，让浏览器解析器知道按哪个规范来解析文档。

• <html lang="en"></html>：HTML 根标记，lang="en" 即默认解析文档的语言为英语（lang-Language、en-English）。

• <meta charset="UTF-8">：<meta> 标签提供关于 HTML 文档的元数据，元数据不会显示在网页上。<meta charset="UTF-8"> 定义了文档使用的字符集（charset）为 UTF-8，如需正确地显示 HTML 页面，浏览器必须知道使用何种字符集。

• <title></title>：网站的标题写在此标签内。

• <body></body>：用于向用户展示的内容写在此标签内。

在 HTML 中，所有标签定义的内容都是节点，构成 HTML DOM 树。HTML DOM 是 HTML Document Object Model（文档对象模型）的缩写，是专门适用于 HTML/XHTML 的文档对象模型。根据 W3C DOM 规范可知，DOM 是一种与浏览器、平台、语言无关的接口，可以访问页面中其他标准组件。

DOM 是以层次结构组织的节点或信息片断的集合。这个层次结构允许开发人员在树中导航寻找特定信息。分析该结构通常需要加载整个文档和构造层次结构，然后才能做其他任何工作。由于它是基于信息层次的，因而 DOM 被认为是基于树或基于对象的。

根据 W3C 的 HTML DOM 标准，HTML 文档中的所有内容都是节点：

• 整个文档是一个文档节点。

• 每个 HTML 元素是元素节点。

• HTML 元素内的文本是文本节点。

• 每个 HTML 属性是属性节点。

• 注释是注释节点。

HTML DOM 把 HTML 文档呈现为带有元素、属性和文本的树结构（节点树），如图 1-2-9 所示。

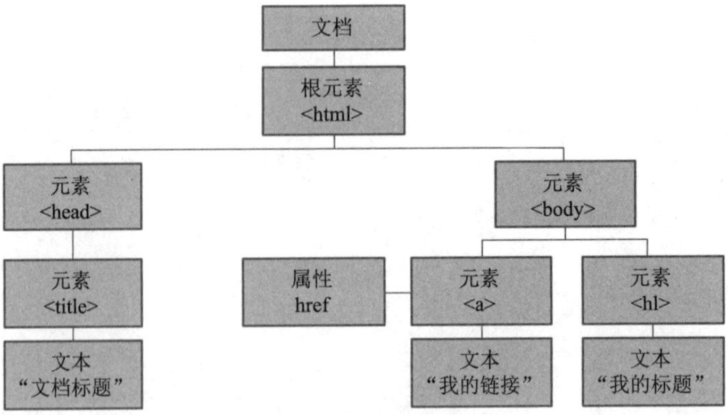

图 1-2-9　节点树

通过 HTML DOM 树中的所有节点均可通过 JavaScript 访问，所有 HTML 节点元素均可被修改，也可以被创建或删除。节点树中的节点彼此拥有层级关系。常用父（parent）、子（child）和兄弟（sibling）等术语描述这些关系。父节点拥有子节点，同级的子节点被称为兄弟节点。

2）CSS

CSS 全称为 Cascading Style Sheets，即层叠样式表。"层叠"是指当在 HTML 中引用了数个样式文件，并且样式发生冲突时，浏览器能依据层叠顺序处理。"样式"指网页中文字大小、颜色、元素间距、排列等格式。

CSS 是目前唯一的网页页面排版样式标准，它可以使页面变得更为美观。在网页中，一般会统一定义整个网页的样式规则，并写入 CSS 文件中，只需用 link 标签即可引入写好的 CSS 文件，使整个页面变得美观、优雅。

网页由一个个的节点组成，CSS 选择器会根据不同的节点设置不同的样式规则，在 CSS 中，使用 CSS 选择器来定位节点。CSS 选择器语法规则见表 1-2-7。

表 1-2-7　CSS 选择器的语法规则

选 择 器	应用举例	例子描述
.class	. device	选择 class="device" 的所有节点
#id	#address	选择 id="address" 的所有节点
*	*	选择所有节点
element	li	选择所有 li 节点
element,element	div,li	选择所有 div 节点和所有 li 节点
element element	div li	选择 div 节点内部的所有 li 节点
element>element	div>li	选择父节点为 div 节点的所有 li 节点
element+element	div+li	选择紧接在 div 节点之后的所有 li 节点
[attribute]	[target]	选择带有 target 属性的所有节点
[attribute=value]	[target=blank]	选择 target="blank" 的所有节点
[attribute=value]	[title=flower]	选择 title 属性包含单词 flower 的所有节点
:link	a:link	选择所有未被访问的链接
:visited	a:visited	选择所有已被访问的链接
:active	a:active	选择活动链接
:hover	a:hover	选择鼠标指针位于其上的链接
:focus	input:focus	选择获得焦点的 input 节点
:first-letter	p:first-letter	选择每个 p 节点的首字母

笔记栏

续表

选 择 器	应用举例	例子描述
:first-line	p:first-line	选择每个 p 节点的首行
:first-child	p:first-child	选择属于父节点的第一个子节点的所有 p 节点
:before	p:before	在每个 p 节点的内容之前插入内容
:after	p:after	在每个 p 节点的内容之后插入内容
:lang(language)	p:lang	选择带有以 it 开头的 lang 属性值的所有 p 节点
element1~element2	pul	选择前面有 p 节点的所有 ul 节点
[attribute^=value]	a[src^="https"]	选择其 src 属性值以 https 开头的所有 a 节点
[attribute$=value]	a[src$=".pdf"]	选择其 src 属性以 .pdf 结尾的所有 a 节点
[attribute*=value]	a[src*="abc"]	选择其 src 属性中包含 abc 子串的所有 a 节点
:first-of-type	p:first-of-type	选择属于其父节点的首个 p 节点的所有 p 节点
:last-of-type	p:last-of-type	选择属于其父节点的最后 p 节点的所有 p 节点
:only-of-type	p:only-of-type	选择属于其父节点唯一的 p 节点的所有 p 节点
:only-child	p:only-child	选择属于其父节点的唯一子节点的所有 p 节点
:nth-child(n)	p:nth-child	选择属于其父节点的第二个子节点的所有 p 节点
:nth-last-child(n)	p:nth-last-child	同上，从最后一个子节点开始计数
:nth-of-type(n)	p:nth-of-type	选择属于其父节点第二个 p 节点的所有 p 节点
:nth-last-of-type(n)	p:nth-last-of-type	同上，但是从最后一个子节点开始计数
:last-child	p:last-child	选择属于其父节点最后一个子节点的所有 p 节点
:root	:root	选择文档的根节点
:empty	p:empty	选择没有子节点的所有 p 节点（包括文本节点）
:target	#news:target	选择当前活动的 #news 节点
:enabled	input:enabled	选择每个启用的 input 节点
:disabled	input:disabled	选择每个禁用的 input 节点
:checked	input:checked	选择每个被选中的 input 节点

选 择 器	应用举例	例子描述
:not(selector)	:not	选择非 p 节点的所有节点
::selection	::selection	选择被用户选取的节点部分

3）JavaScript

JavaScript 是一种解释型的脚本语言，用以实现网页和浏览者的动态交互。由于 JavaScript 可以及时响应浏览者的操作，控制页面的行为表现，提高用户体验，在 HTML 基础上使用 JavaScript 可以开发交互式（网页）Web，使得网页和用户之间实现了实时、动态和交互的关系。标准化后的 JavaScript 包含了三个组成部分，如图 1-2-10 所示。

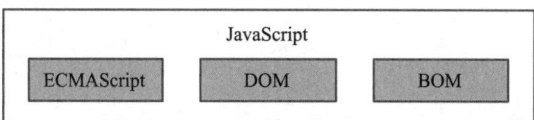

图 1-2-10　JavaScript 组成部分

• ECMAScript。ECMAScript 是脚本语言的核心内容，它定义了脚本语言的基本语法和基本对象。

• DOM（document object model）。DOM 是文档对象模型，是 HTML 和 XML 文档的应用程序编程接口。浏览器中的 DOM 把整个网页规划成由节点层级构成的树状结构的文档。用 DOM API 可以轻松地删除、添加和替换文档树结构中的节点。

• BOM（browser object model）。BOM 是浏览器对象模型，描述了对浏览器窗口进行访问和操作的方法和接口。

JavaScript 是一种运行在浏览器中用于增强网页的动态效果、提高与用户的交互性的编程语言。相比于其他编程语言，它具有许多特点，主要包括以下几方面：

• 解释性。JavaScript 不同于其他的一些编译性程序语言，它是一种解释性的程序语言，它的源代码不需要经过编译，直接在浏览器中运行时进行解释。

• 动态性。JavaScript 是一种基于事件驱动的脚本语言，不需要经过 Web 服务器就可以对用户的输入直接做出响应。

• 跨平台性。JavaScript 依赖于浏览器本身，与操作环境无关。任何浏览器只要具有 JavaScript 脚本引擎，就可以执行 JavaScript。目前，几乎所有用户使用的浏览器都内置了 JavaScript 脚本引擎。

• 安全性。JavaScript 是一种安全性语言，它不允许访问本地的硬盘，同时不能将数据存到服务器上，不允许对网络文档进行修改和删除，只能通过浏览器实现信息浏览或动态交互。这样可有效地防止数据丢失。

• 基于对象。JavaScript 是一种基于对象的语言，同时也可以被看作是一种面向对象的语言。这意味着它能运用自己已经创建的对象。因此，许多功能可以来自于脚本环境中对象的方法与脚本的相互作用。

完成上述学习资料的学习后，根据自己的学习情况进行归纳总结，并填写学习笔记（表 1-2-8）。

表 1-2-8　学习笔记

主题		
内容		问题与重点
总结		

3. urllib 库

urllib 是 Python 内置的一个 HTTP 请求库，包含如下四个模块：

· urllib.request，用来打开和读取 url，模拟发送请求，就像在浏览器里输入网址然后回车一样，获取网页响应内容。

· urllib.error，用来处理 urllib.request 引起的异常，保证程序的正常执行。

· urllib.parse，用来解析 url，对 url 进行拆分、合并等。

· urllib.robotparse，用来解析 robots.txt 文件，判断网站是否能够进行爬取。

urllib.request 模块提供了最基本的构造 HTTP（或其他协议如 FTP）请求的方法，利用它模拟浏览器的发起一个请求，利用不同的协议去获取 url 信息。

1）Request的基本用法

Request 用来发送请求，常用于爬虫，能够完全满足基于 HTTP 的接口测试。使用格式如下：

```
urllib.request.request(url, data=None, headers={}, origin_req_
host=None,unverifiable=False, method=None)
```

具体参数如下：

· url：用于请求 URL，是必选参数。

• data：如果要传，必须传 bytes（字节流）类型的。如果它是字典，可以先用 urllib.parse 模块里的 urlencode() 编码。

• headers：是一个字典，它就是请求头，可以在构造请求时通过 headers 参数直接构造，也可以通过调用请求实例的 add_header() 方法添加。添加请求头最常用的用法就是通过修改 User-Agent 来伪装浏览器，默认的 User-Agent 是 Python-urllib，可以通过修改它来伪装浏览器。

• origin_req_host：指的是请求方的 HOST 名称或者 IP 地址。

• unverifiable：表示这个请求是否是无法验证的，默认是 False，意思就是说用户没有足够权限来选择接收这个请求的结果。例如，请求一个 HTML 文档中的图片，没有自动抓取图像的权限，这时 unverifiable 的值就是 True。

• method：是一个字符串，用来指示请求使用的方法，比如 GET、POST 和 PUT 等。

知识应用练一练

构建一个 Request( ) 对象。实现代码如下：

```
import urllib.request
url="https://www.baidu.com/"
# 创建 Request 对象
request=urllib.request.Request(url)
request.add_header("User-Agent","Mozilla/5.0 (compatible; MSIE 5.5; Windows NT)")
response2=urllib.request.urlopen(request)
data=response2.read()
print(response2.status,response2.reason)    # 打印请求的状态码
print(len(data))                            # 输出网页字符串的长度
print(data.decode())                        # 输出网页内容
```

可以发现，上述过程依然是用 urlopen() 方法来发送这个请求，只不过该方法的参数不再是 URL，而是一个 Request 类型的对象。通过构造这个数据结构，一方面可以将请求独立成一个对象，另一方面可更加丰富和灵活地配置参数。

知识应用练一练

通过参数来构造 Request() 对象。实现代码如下：

```
import urllib.request
url="https://www.baidu.com/"
headers={
    "User-Agent":"Mozilla/5.0 (Windows NT 6.1; WOW64) AppleWebKit/537.36 (KHTML, like Gecko)"
    "Chrome/45.0.2454.85 Safari/537.36 115Browser/6.0.3",
```

```
        "Referer": "https://www.baidu.com/",
        "Connection": "keep-alive"
}
request=urllib.request.Request(url, headers=headers)
response=urllib.request.urlopen(request).read()
data=response.decode("utf-8")
print(data)
```

2）Request的高级用法

利用 Request 可以构造请求，但是对于一些更高级的操作（如 Cookies 处理、代理设置等），就需要更强大的工具 Handler。利用它可以处理登录验证、处理 Cookies、代理设置等。

urllib.request 模块里的 BaseHandler 类，它是所有其他 Handler 的父类，提供了最基本的方法，例如 default_open、protocol_request 等。

各种 Handler 子类继承这个 BaseHandler 类，具体情况如下：

• HTTPDefaultErrorHandler 用于处理 HTTP 响应错误，错误都会抛出 HTTPError 类型的异常。

• HTTPRedirectHandler 用于处理重定向。

• HTTPCookieProcessor 用于处理 Cookies。

• ProxyHandler 用于设置代理，默认代理为空。

• HTTPPasswordMgr 用于管理密码，它维护了用户名密码表。

• HTTPBasicAuthHandler 用于管理认证，如果一个链接打开时需要认证，那么可以用它来解决认证问题。

知识应用练一练

网站打开时弹出提示框，直接提示输入用户名和密码，验证成功后才能查看页面。借助 HTTPBasicAuthHandler 登录人人网。实现代码如下：

```
from urllib.request import HTTPPasswordMgrWithDefaultRealm,
HTTPBasicAuthHandler, build_opener
from urllib.error import URLError
username='username'
password='password'
url='http://www.renren.com/'
password=HTTPPasswordMgrWithDefaultRealm()
password.add_password(None, url, username, password)
auth_handler=HTTPBasicAuthHandler(p)
opener=build_opener(auth_handler)
try:
    result=opener.open(url)
```

```
        html=result.read().decode('utf-8')
        print(html)
except URLError as e:
        print(e.reason)
```

上述代码通过实例化 HTTPBasicAuthHandler 对象，其参数是 HTTPPasswordMgrWithDefaultRealm 对象，它利用 add_password() 方法添加用户名和密码，这样就建立了一个处理验证的 Handler。

利用这个 Handler 并使用 build_opener() 方法构建一个 Opener，这个 Opener 在发送请求时就相当于已经验证成功了。利用 Opener 的 open() 方法打开链接，就可以完成验证了。这里获取到的结果就是验证后的页面源码内容。

知识应用练一练

添加代理。实现代码如下：

```
from urllib.error import URLError
from urllib.request import ProxyHandler, build_opener
proxy_handler=ProxyHandler({
        'http': 'http://182.84.145.93:3256',
        'http': 'http://14.20.235.129:34100'
})
opener=build_opener(proxy_handler)
try:
        response=opener.open('https://www.baidu.com')
        print(response.read().decode('utf-8'))
except URLError as e:
        print(e.reason)
```

在本地搭建了一个代理，使用了 ProxyHandler，其参数是一个字典，键名是协议类型（比如 HTTP 或者 HTTPS 等），键值是代理链接，可以添加多个代理。利用这个 Handler 及 build_opener 方法构造一个 Opener，之后发送请求即可。

知识应用练一练

获取 Cookies。实现代码如下：

```
import http.cookiejar, urllib.request
cookie=http.cookiejar.CookieJar()
handler=urllib.request.HTTPCookieProcessor(cookie)
opener=urllib.request.build_opener(handler)
response=opener.open('http://www.baidu.com')
for item in cookie:
        print(item.name+"="+item.value)
```

声明一个 CookieJar 对象。接下来，就需要利用 HTTPCookieProcessor 来构建一个 Handler，最后利用 build_opener 方法构建出 Opener，执行 open() 函数即可。运行结果如图 1-2-11 所示。

```
BAIDUID=5F3F8C7FEF4E7BCB73554F045F5A09C3:FG=1
BIDUPSID=5F3F8C7FEF4E7BCB9E5F807E6DE8B937
H_PS_PSSID=35105_31660_34584_35490_35582_35542_35796_35324_26350_35723_35746
PSTM=1643096029
BDSVRTM=0
BD_HOME=1
```

图 1-2-11　输出结果

知识应用练一练

获取 Cookies 并以文本形式保存的。实现代码如下：

```
import http.cookiejar, urllib.request
filename='cookies1.txt'
cookie=http.cookiejar.LWPCookieJar(filename)
handler=urllib.request.HTTPCookieProcessor(cookie)
opener=urllib.request.build_opener(handler)
response=opener.open('http://www.baidu.com')
cookie.save(ignore_discard=True, ignore_expires=True)
```

知识应用练一练

从文件中读取并利用 Cookies 文件。实现代码如下：

```
import http.cookiejar, urllib.request
cookie=http.cookiejar.LWPCookieJar()
cookie.load('cookies1.txt', ignore_discard=True, ignore_expires=True)
handler=urllib.request.HTTPCookieProcessor(cookie)
opener=urllib.request.build_opener(handler)
response=opener.open('http://www.baidu.com')
print(response.read().decode('utf-8'))
```

这里调用 load() 方法来读取本地的 Cookies 文件，获取到了 Cookies 的内容。运行结果正常的话，会输出百度网页的源代码。

3）urlopen()

urlopen() 模拟浏览器的一个请求发起过程，同时支持授权验证（authentication）、重定向（redirection）、浏览器 Cookies 以及其他内容。

使用格式如下：

```
    urllib.request.urlopen(url, data=None, [timeout, ]*,
cafile=None, capath=None, cadefault=False, context=None)
```

具体参数如下：

· url：需要打开的网址。

· data：POST 提交的数据，默认为 None ，当 data 不为 None 时，urlopen( ) 提交方式为 POST。

· timeout：设置网站访问超时时间。

知识应用练一练

利用 urlopen() 抓取 https://www.baidu.com 网页。实现代码如下：

```
import urllib.request
response=urllib.request.urlopen('https://www.baidu.com')
print(response.read().decode('utf-8'))
```

运行结果如图 1-2-12 所示。

```
<html>
<head>
        <script>
                location.replace(location.href.replace("https://","http://"));
        </script>
</head>
<body>
        <noscript><meta http-equiv="refresh" content="0;url=http://www.baidu.com/"></noscript>
</body>
</html>
```

图 1-2-12　运行结果

urlopen() 的 data 参数是一个可选参数，是字节流编码格式（可以用 urllib.parse.urlencode() 和 bytes() 方法将参数转化为字节流编码格式的内容）。如果使用 data 参数，则此时的请求方式为 POST 方式。

知识应用练一练

利用 urlopen() 访问 https://httpbin.org，并利用 data 参数传递参数。实现代码如下：

```
import urllib.parse
import urllib.request
data=bytes(urllib.parse.urlencode({'word': 'hello'}), encoding=
'utf8')
response=urllib.request.urlopen('https://httpbin.org/post',
data=data)
print(response.read().decode('utf8'))
```

输出结果如图 1-2-13 所示。

笔记栏

```
{
    "args": {},
    "data": "",
    "files": {},
    "form": {
        "word": "hello"
    },
    "headers": {
        "Accept-Encoding": "identity",
        "Content-Length": "10",
        "Content-Type": "application/x-www-form-urlencoded",
        "Host": "httpbin.org",
        "User-Agent": "Python-urllib/3.6",
        "X-Amzn-Trace-Id": "Root=1-61ee579f-796aee194e212ecc00ff1b0e"
    },
    "json": null,
    "origin": "183.242.14.169",
    "url": "https://httpbin.org/post"
}
```

图 1-2-13 输出结果

urlopen() 的 timeout 参数用于设置超时，单位为秒，若不指定 timeout，则使用全局默认时间。当请求超时时，会抛出 urllib.error.URLError 异常信息，可以通过 try... except 进行处理异常。

知识应用练一练

利用 urlopen() 抓取 https://www.baidu.com 网页，并设置超时时间。实现代码如下：

```
import socket
import urllib.request
import urllib.error
try:
    response=urllib.request.urlopen('https://www.baidu.com/
get',timeout=0.1)
except urllib.error.URLError as e:
    if isinstance(e.reason, socket.timeout):
        print('TIME OUT')
```

urlopen() 的 context 参数必须是 ssl.SSLContent 类型，用来指定设置 SSL。cafile 和 capath 分别指定 CA 证书和它的路径，在 HTTPS 中有用。cadefault 已经弃用，默认 default。

urlopen() 的输出结果一个 HTTPResposne 类型的对象，它主要包含 HTTPResposne 的方法和属性。利用 read()，readline()，readlines()，fileno()，close() 等方法对 HTTPResponse 类型数据进行操作。

知识应用练一练

抓取 https://www.baidu.com 网页，并查看 HTTPResponse 类型数据。实现代码如下：

```
import urllib.request
response=urllib.request.urlopen('https://www.baidu.com')
print(type(response))
```

输出结果如下：

```
import urllib.request
response=urllib.request.urlopen('https://python.org/')
print(" 查看 response 的返回类型 :",type(response))
print(" 查看响应地址信息 : ",response)
print(" 查看头部信息 1(http header):\n",response.info())
print(" 查看头部信息 2(http header):\n",response.getheaders())
print(" 输出头部属性信息 :",response.getheader("Server"))
print(" 查看响应状态信息 1(http status):\n",response.status)
print(" 查看响应状态信息 2(http status):\n",response.getcode())
print(" 查看响应 url 地址 :\n",response.geturl())
page=response.read()
print(" 输出网页源码 :",page.decode('utf-8'))
```

4）urlparse()

urlparse() 方法可以实现对 URL 的识别和分段，使用 url.parse() 方法将路径解析为一个方便操作的对象。

使用格式如下：

```
urllib.parse.urlparse(urlstring,scheme='',allow_fragments=True)
```

具体参数如下：

• urlstring：必填，待解析的 url。
• scheme：默认的协议，如 HTTP、HTTPS。当链接中没有协议信息时生效。
• allow_fragments：是否忽略 fragment，如果设置 False，fragment 部分会被忽略，解析为 path、params 或者 query 的一部分，而 fragment 部分为空。当 URL 不包含 params 和 query 时候，fragment 会被解析为 path 一部分；解析 URL 为 6 个部分，即返回一个 6 元组（tuple 子类的实例），tuple 类具有表 1-2-9 所示的属性。

表 1-2-9 tuple 类的属性

属 性	说 明	对应下标指数
scheme	默认的协议	0
netloc	网络位置部分	1
path	分层路径	2
params	最后路径元素的参数	3
query	查询组件	4

Python 爬虫与数据采集

📝 **笔记栏**

续表

属　性	说　明	对应下标指数
fragment	片段标识符	5
hostname	主机名	
port	端口号	

📐 **知识应用练一练**

利用 urlparse() 实现 URL 的识别和分段。实现代码如下：

```
from urllib.parse import urlparse
url='https://blog.csdn.net/weixin_43848614/article/details/
104607669'
parsed_result=urlparse(url)
print('parsed_result 的数据类型:', type(parsed_result))
print('parsed_result 包含了: ',len(parsed_result),' 个元素 ')
print(parsed_result)
print('scheme  :', parsed_result.scheme)
print('netloc  :', parsed_result.netloc)
print('path    :', parsed_result.path)
print('params  :', parsed_result.params)
print('query   :', parsed_result.query)
print('fragment:', parsed_result.fragment)
print('hostname:', parsed_result.hostname)
```

输出结果如图 1-2-14 所示。

```
parsed_result 的数据类型: <class 'urllib.parse.ParseResult'>
parsed_result 包含了:  6 个元素
ParseResult(scheme='https', netloc='blog.csdn.net', path='/weixin_43848614/article/details/104607669', params='', query='', fragment='')
scheme : https
netloc : blog.csdn.net
path   : /weixin_43848614/article/details/104607669
params :
query  :
fragment:
hostname: blog.csdn.net
```

图 1-2-14　输出结果

5）urlunparse()

urlunparse() 和 urlparse() 相反，接受的参数是一个长度为 6 的可迭代对象，对 URL 进行拼接，将 URL 的多个部分组合为一个 URL。接受的参数是可迭代的对象，其长度必须为 6，否则会抛出参数不足或过多的问题。参数 data 使用列表类型。也可以使用其他类型，如元组或特定的数据结构来实现 URL 结构。

📐 **知识应用练一练**

利用 urlunparse( ) 构造 URL。实现代码如下：

```
from urllib.parse import urlunparse
data=['http','www.baidu.com','index.html','user','a=6',
'comment']
  print(urlunparse(data))
```

输出结果为：http://baidu.com/index.html;user?a=6#comment，这样成功地实现了 URL 的构造。

6）urljoin()

连接两个参数的 url，将第二个参数中缺的部分用第一个参数补齐，如果第二个有完整的路径，则以第二个参数的路径为主。

使用格式如下：

```
urljoin(base,url,allow_fragments=True)
```

具体参数如下：

• base 和 url 为接收的两个参数，这两个参数都必须为 url 的组件或者是一个完整的 url。其中第一个为 base url，这个 url 可能并不完整，此时需要第二个 url 为它提供它所缺失的组件部分。这种提供遵循以下规则：

➢ 如果 base url 没有该组件，而第二个 url 具有该组件，则添加到 base url 中。base url 的某些组件是无意义的，它们是 params、query 和 fragment，即合理的 base url 只包含 scheme、netloc、path 这几种组件中的几个。

➢ 如果 base url 和第二个 url 中的某些组件存在冲突，则以第二个 url 中的该组件为准，并将 base url 更正。

• 返回值：返回一个 url，即更正后的 base url。

URL的拼接

知识应用练一练

练习 urljoin() 使用网址进行拼接。实现代码如下：

```
from urllib.parse import urljoin
# 以后面的url为基准，将两个url进行拼接或者覆盖前一个url
print(urljoin('http://www.baidu.com', 'FAQ.html'))
  print(urljoin('http://www.baidu.com', 'https://www.baidu.com/
FAQ.html'))
  print(urljoin('http://www.baidu.com', 'https://www.jianshu.com/
u/13b5875d0a63'))
  print(urljoin('https://www.jianshu.com', 'u/13b5875d0a63'))
```

7）urlsplit()

urlsplit() 函数将指定字符串按某指定的分隔符进行拆分，拆分将会形成一个字符串的数组并返回，返回值包含五个参数的元组 (scheme, netloc, path, query, fragment)。

笔记栏

使用格式如下：

```
urlsplit(url, scheme=", allow_fragments=True)
```

具体参数如下：

• scheme：指的是采用的协议。如果在 urlstring 中已指定，则该参数可省略。需要注意的是，只有在由"//"引导下的 netloc 字符串才会被正确识别，否则将被认为是 path。

• allow_fragments: 设置是否忽略 fragment，该参数默认为 True，即不忽略。如果设置为 False，则该参数会被忽略。

• 返回值: 是一个 <class 'urllib.parse.SplitResult'> 对象，它实际是一个包含五个元素的具名元组，具名元组本质还是一个元组，可通过元组下标访问 SplitResult 对象，具名元组的所有方法都适用于 SplitResult 对象，可通过具名元组关键字如 scheme、netloc 等访问 (推荐关键字代码自动补全)。

8）urlencode()

urlencode() 函数可以将字典转化为 GET 请求中的 query (查询条件)，或者将字典转化为 POST 请求中需要上传的数据。

对URL进行编码处理

使用格式如下：

```
urlencode(query,doseq=False,safe='',encoding=None,errors=
None,quote_via=quote_plus)
```

具体参数如下：

• query：字典类型。

• doseq：允许字典中一个键对应多个值，编码成 query (查询条件)。

• safe、encoding 和 errors，这三个参数由 quote_via 指定。

知识应用练一练

利用 urlencode() 将字典对象转换为 get 请求参数。实现代码如下：

```
from urllib.parse import urlencode
params={
    "name": "gemmry",
    'age': 22
}
base_url='http://www.baidu.com?'
url=base_url+urlencode(params)
print(url)
```

知识应用练一练

利用 parse_qs() 将请求参数转换为字典。实现代码如下：

```
from urllib.parse import parse_qs
query='name=germey&age=22'
print(parse_qs(query))
```

知识应用练一练

利用 parse_qsl() 将请求参数转换为元组组成的列表。实现代码如下：

```
from urllib.parse import parse_qsl
query='name=germey&age=22'
print(parse_qsl(query))
```

知识应用练一练

利用 quote() 对 url 中的中文编码，url 中出现中文可能会乱码，所以中文路径需要转化，就用到了 quote() 方法。实现代码如下：

```
from urllib.parse import quote
keyword=" 壁纸 "
url='https://www.baidu.com/s?wd=' + quote(keyword)
print(url)
```

知识应用练一练

unquote() 对 url 中文解码，有了 quote() 方法转换，也需要有 unquote() 方法对 URL 进行解码。实现代码如下：

```
from urllib.parse import unquote
url='https://www.baidu.com/s?wd=%E5%A3%81%E7%BA%B8'
print(unquote(url))
```

完成上述学习资料的学习后，根据自己的学习情况进行归纳总结，并填写学习笔记（表 1-2-10）。

表 1-2-10　学习笔记

主题		
内容		问题与重点
总结		

📝 **笔记栏**

9）处理异常

在请求的发送过程，如果出现了异常，该如何处理这些异常呢？urllib 的 error 模块定义了由 Request 模块产生的异常。如果出现了问题，Request 模块便会抛出 error 模块中定义的异常。

（1）URLError。URLError 类来自 urllib 库的 error 模块，它继承自 OSError 类，是 error 异常模块的基类，由 Request 模块产生的异常都可以通过捕获这个类来处理。它具有一个属性 reason，即返回错误的原因。

📐 **知识应用练一练**

利用 URLError 获取错误的原因。实现代码如下：

```
from urllib import request,error
try:
    response=request.urlopen('https://blog.asdn.net/88888888')
except error.URLError as e:
    print(e.reason)
```

输出结果如图 1-2-15 所示。

```
[Errno 11004] getaddrinfo failed
```

图 1-2-15   输出结果

（2）HTTPError。HTTPError 是 URLError 的子类，专门用来处理 HTTP 请求错误，如认证请求失败等。它是 URLError 的子类，有如下三个属性：

· code：返回 HTTP 状态码。

· reason：同父类一样，用于返回错误的原因。

· headers：返回请求头。

📐 **知识应用练一练**

利用 HTTPError 获取错误的原因。实现代码如下：

```
from urllib import request, error
try:
    response=request.urlopen('http://www.ffff.com/111.html')
except error.HTTPError as e:
    print(e.reason, e.code, e.headers, sep='\n')
except error.URLError as e:
    print(e.reason)
else:
    print('Request Successfully')
```

输出结果如图 1-2-16 所示。

完成上述学习资料的学习后，根据自己的学习情况进行归纳总结，并填写学  笔记栏
习笔记（表 1-2-11）。

```
Not Acceptable
406
Date: Tue, 25 Jan 2022 08:11:30 GMT
Server: Apache
Content-Length: 226
Connection: close
Content-Type: text/html; charset=iso-8859-1
```

图 1-2-16　输出结果

表 1-2-11　学习笔记

主题		
内容		问题与重点
总结		

4. Requests 模块

利用 urlopen() 方法可以发起最基本请求，但其不足以构建一个完整的请求。
如果请求中需要加入 Headers 等信息，就需要利用更强大的 Requests 类来构建，
Requests 的请求方法见表 1-2-12。

Requests库

表 1-2-12　Requests 的请求方法

方　　法	说　　明
requests.request()	构造一个请求对象
requests.get()	获取 HTML 网页的主要方法，对应于 HTTP 的 GET( ) 方法
requests.head()	获取 HTML 网页头信息的方法，对应于 HTTP 的 HEAD( ) 方法

Python 爬虫与数据采集

笔记栏

续表

方　法	说　明
requests.post()	获取 HTML 网页提交 POST 请求方法，对应于 HTTP 的 POST
requests.put()	获取 HTML 网页提交 PUT 请求方法，对应于 HTTP 的 PUT
requests.patch()	获取 HTML 网页提交局部修改请求，对应于 HTTP 的 PATCH
requests.delete()	获取 HTML 页面提交删除请求，对应于 HTTP 的 DELETE

1）GET请求

requests.get() 发送一个 GET 请求，返回 Response 对象。请求格式如下：

```
requests.get(url, params=None, headers=None, cookies=None,
auth=None, timeout=None)
```

参数如下：
- url：请求对象的 URL 地址。
- params：（可选）使用字典作为 GET 请求的参数。
- headers：（可选）使用字典作为 GET 请求的 headers 信息。
- cookies：（可选）使用 CookieJar 对象发送 GET 请求。
- auth：（可选）AuthObject 启用基本 HTTP 身份验证。
- timeout：（可选）请求超时的设置，用浮点数表示。

知识应用练一练

利用 requests.get() 给 www.baidu.com 发送一个请求。实现代码如下：

```
import requests
response=requests.get('https://www.baidu.com')
                                        # 返回一个实例，包含了很多的信息
print(response.text)   # 所请求网页的内容
```

Requests 模块允许使用 params 关键字传递参数，以一个字典来传递这些参数。

知识应用练一练

利用 requests.get() 给 www.baidu.com 发送一个请求，传递两个参数。实现代码如下：

```
import requests
data={
    "key1":"key1",
    "key2":"key2"
}
response=requests.get("https://www.baidu.com",params=data)
```

```
print(response.url)
```

2）POST请求

requests.post() 用法与 requests.get() 完全一致，特殊的是 requests.post() 有一个 data 参数，用来存放请求体数据，同样的，在发送 post 请求的时候也可以和发送 get 请求一样通过 headers 参数传递一个字典类型的数据。函数格式如下：

```
requests.post(url, data=None, json=None, **kwargs)
```

具体参数如下：

url：拟获取页面的 url 链接。

data：可选，header 中的额外参数，参数类型是一个字典类型。

json：可选，header 中的额外参数，参数类型是一个 json 的字符串类型。

**kwargs：12 个控制访问的参数。

📐 知识应用练一练

利用 Requests 构建一个最简单的 post 请求，请求的链接为 http://www.kfc.com.cn/kfccda/ashx/GetStoreList.ashx?op=keyword，爬取北京市肯德基餐厅的位置信息。实现代码如下：

```
import requests
url='http://www.kfc.com.cn/kfccda/ashx/GetStoreList.ashx?
op=keyword'
headers={
        'user-agent': 'Mozilla/5.0 (Windows NT 6.1; Win64; x64)
AppleWebKit/537.36 (KHTML, like Gecko) Chrome/73.0.3683.20 Safari/
537.36'
    }
data={
    'cname':'',
    'pid':'',
    'pid':'',
    'keyword': '北京',
    'pageIndex': 1,
    'pageSize': 58,
}
response=requests.post(url=url,headers=headers,data=data)
print(response.json())
```

以上方法均是在 requests.request(method, url, **kwargs) 的基础上构建，其 Response 对象返回对象的属性见表 1-2-13。

Python 爬虫与数据采集

📝 笔记栏

表 1-2-13　Response 对象的属性

Response 对象的属性	说　　明
status_code	HTTP 请求的返回状态码，200 表示成功，400 表示失败
text	HTTP 响应内容的字符串形式，即 URL 对应的页面内容
encoding	从 HTTPheader 中猜测的响应内容编码方式，如果 header 中不存在 charset，则认为编码是 ISO-8859-1
apparent_encoding	从内容中分析出的响应内容编码方式（备选编码方式）
content	HTTP 响应内容的二进制形式

Resquests 对象常见异常见表 1-2-14。

表 1-2-14　Resquests 库的常见异常

Resquests 库的常见异常	说　　明
requests.ConnectionError	网络连接错误异常，如 DNS 查询失败、拒绝连接等
requests.HTTPError	HTTP 错误异常
requests.URLRequired	URL 缺失异常
requests.TooManyRedirects	超过最大重定向次数，产生重定向异常
requests.ConnectTimeout	连接远程服务器超时异常
requests.Timeout	请求 URL 超时，产生超时异常

完成上述学习资料的学习后，根据自己的学习情况进行归纳总结，并填写学习笔记（表 1-2-15）。

表 1-2-15　学习笔记

主题		
内容		问题与重点
总结		

1-54

任务实施

爬取"去哪儿"网中北京市旅游景点信息的实施过程见表 1-2-16。

表 1-2-16　爬取"去哪儿"网中北京市旅游景点信息

按照实施步骤完成任务：打开网页分析网页代码→批量获取数据页面 url →访问页面→爬取"去哪儿"网的北京市旅游景点信息。	
（1）导入模块	import requests from bs4 import BeautifulSoup import numpy as np import pandas as pd
（2）批量获取数据页面 url	打开"去哪儿"网网站，其主页页面如图 1-2-17 所示。  图 1-2-17　"去哪儿"网站主页面 选择目的地——北京，打开网页如图 1-2-18 所示。  图 1-2-18　"去哪儿"网页北京站点页面 单击网页中的"景点"，得到图 1-2-19 所示网页，同时能取获取景点链接网址为 https://travel.qunar.com/p-cs299914-beijing-jingdian。

图 1-2-19　北京市旅游景点页面

北京地区景点信息包含 200 页，如图 1-2-20 所示。

图 1-2-20　北京地区景点信息包含页面翻页情况

（2）批量获取数据页面 url

景点信息的每一页的网址，从 https://travel.qunar.com/p-cs299914-beijing-jingdian-1-1 开始，到 https://travel.qunar.com/p-cs299914-beijing-jingdian-1-200 结束。分析每一页的网址，可以知道只有最后的数字不同，所以批量获取数据页面 url 的代码设置为：

url= 'https://travel.qunar.com/p-cs299878-shanghai-jingdian-1-2'

定义一个列表，批量保存网址：

```
urllst=[]
ui='https://travel.qunar.com/p-cs299878-shanghai-jing-
dian-1-'
for i in range(1,201):
    urllst.append(ui +str(i))
urllst
```

输出结果如图 1-2-21 所示。

```
Out[4]: ['https://travel.qunar.com/p-cs299914-beijing-jingdian-1-1',
 'https://travel.qunar.com/p-cs299914-beijing-jingdian-1-2',
 'https://travel.qunar.com/p-cs299914-beijing-jingdian-1-3',
 'https://travel.qunar.com/p-cs299914-beijing-jingdian-1-4',
 'https://travel.qunar.com/p-cs299914-beijing-jingdian-1-5',
 'https://travel.qunar.com/p-cs299914-beijing-jingdian-1-6',
 'https://travel.qunar.com/p-cs299914-beijing-jingdian-1-7',
 'https://travel.qunar.com/p-cs299914-beijing-jingdian-1-8',
 'https://travel.qunar.com/p-cs299914-beijing-jingdian-1-9',
 'https://travel.qunar.com/p-cs299914-beijing-jingdian-1-10',
 'https://travel.qunar.com/p-cs299914-beijing-jingdian-1-11',
 'https://travel.qunar.com/p-cs299914-beijing-jingdian-1-12',
 'https://travel.qunar.com/p-cs299914-beijing-jingdian-1-13',
 'https://travel.qunar.com/p-cs299914-beijing-jingdian-1-14',
 'https://travel.qunar.com/p-cs299914-beijing-jingdian-1-15',
 'https://travel.qunar.com/p-cs299914-beijing-jingdian-1-16',
 'https://travel.qunar.com/p-cs299914-beijing-jingdian-1-17',
 'https://travel.qunar.com/p-cs299914-beijing-jingdian-1-18',
```

图 1-2-21　输出结果

续表　　

（3）访问页面并爬取页面信息	访问页面并爬取页面信息代码： ```\nu1=urllst[0]\nr=requests.get(u1)\nsoup=BeautifulSoup(r.text, 'lxml')\nsoup.title\n``` 输出结果如图 1-2-22 所示。 图 1-2-22　输出结果

任务评价

上述任务完成后，填写表 1-2-17，对知识点掌握情况进行自我评价，并进行学习总结。

表 1-2-17　自我评价、总结表

任务 2	静态网页爬取自我测评与总结		
考核项目	任务知识点	自我评价	学习总结
HTTP	HTTP 请求	□ 没有掌握 □ 基本掌握 □ 完全掌握	
	HTTP 响应	□ 没有掌握 □ 基本掌握 □ 完全掌握	
HTML	HTML 文件标记	□ 没有掌握 □ 基本掌握 □ 完全掌握	
	HTML 的网页结构	□ 没有掌握 □ 基本掌握 □ 完全掌握	
	常用的 HTML 标记	□ 没有掌握 □ 基本掌握 □ 完全掌握	
CSS	选择器	□ 没有掌握 □ 基本掌握 □ 完全掌握	

笔记栏

考核项目	任务知识点	自我评价	学习总结
CSS	样式 style	□ 没有掌握 □ 基本掌握 □ 完全掌握	
	模型框	□ 没有掌握 □ 基本掌握 □ 完全掌握	
	定位	□ 没有掌握 □ 基本掌握 □ 完全掌握	
	分类	□ 没有掌握 □ 基本掌握 □ 完全掌握	
urllib	request	□ 没有掌握 □ 基本掌握 □ 完全掌握	
	parse	□ 没有掌握 □ 基本掌握 □ 完全掌握	
	robotparse	□ 没有掌握 □ 基本掌握 □ 完全掌握	
	error	□ 没有掌握 □ 基本掌握 □ 完全掌握	
JavaScript	JS 的组成	□ 没有掌握 □ 基本掌握 □ 完全掌握	
	JS 的书写位置	□ 没有掌握 □ 基本掌握 □ 完全掌握	
	JS 的输入输出语句	□ 没有掌握 □ 基本掌握 □ 完全掌握	

本任务结束后，填写表 1-2-18 进行自我鉴定、教师评价，并反馈学习、实践中存在的问题。

 笔记栏

表 1-2-18　任务评价表

任务 2	静态网页爬虫环境搭建			
序号	检查项目	检查标准	小组评价	教师评价
1	HTTP	• 是否掌握 HTTP 请求的组成 • 是否掌握 HTTP 响应的组成 • 是否了解 HTTP 的主要特点 • 是否掌握 GET 和 POST 区别		
2	HTML	• 是否掌握 HTML 的文件标记 • 是否了解 HTML 结构组成 • 是否掌握常用的 HTML 标记 • 能否读懂一个 HTML 文件		
3	CSS	• 是否掌握 CSS 选择器的类型、作用及定义选择器 • 是否掌握样式 style 的类型及设置 • 是否掌握模型框的类型及设置 • 是否掌握定位方式 • 是否掌握 CSS 中的分类及设置		
4	urllib	• 是否掌握 urllib 库的 urlopen()、Request()、handler • 是否掌握 parse • 是否掌握 urllib 库的 error • 是否掌握 robotparse		
5	JavaScript	• 是否了解 JS 的组成 • 是否掌握 JS 书写位置 • 是否掌握 JS 输入输出语句		
检查 评价	班　　级		第　组	组长签字
	教师签字		日　期	
	评语:			

任务3 解析并保存北京市旅游景点数据

任务分析

解析并保存北京市旅游景点数据任务分析见表 1-3-1。

表 1-3-1　任务分析

任务 3	解析并保存北京市旅游景点数据	学时	8
典型工作过程描述	解析北京市旅游景点信息→分析网页代码→找到 list_item clrfix 标签→提取 li 标签的内容→批量解析每个景点的内容→保存数据		
任务目标	本任务要求使用 Beautiful Soup 解析数据，并获取北京市旅游景点信息，具体要达到如下实验目标：能够使用 Beautiful Soup 解析 HTML 代码，并获取北京旅游景点数据		
任务描述	分析网页代码，找到北京市旅游景点的内容信息在网页中相应的标签，批量解析出景点的内容信息，并保存到 Excel 文档中： • 了解如何查看网页 HTML 源码； • 利用 Beautiful Soup 解析数据； • 保存数据。 难点：利用 Beautiful Soup 解析数据		
工作思路	设计过程：解析北京市旅游景点信息→分析网页代码→找到 list_item clrfix 标签→提取 li 标签的内容→批量解析每个景点的内容→保存数据		
任务要求	完成本任务后，将能够： • 了解如何查看网页 HTML 源码并查找抓取规律； • 能选择合适的解析库，完成代码的解析		

导学

1. 任务导学

为了完成解析并保存北京市旅游景点数据，请先按照导读信息进行相关知识点的学习，掌握一定的操作技能，然后进行任务的实施，并对实施的效果进行评价。本任务知识和技能的导学单见表 1-3-2。

表 1-3-2　解析并保存北京市旅游景点数据导学单

任务名称	知识和技能要求
解析并保存北京市旅游景点数据	1

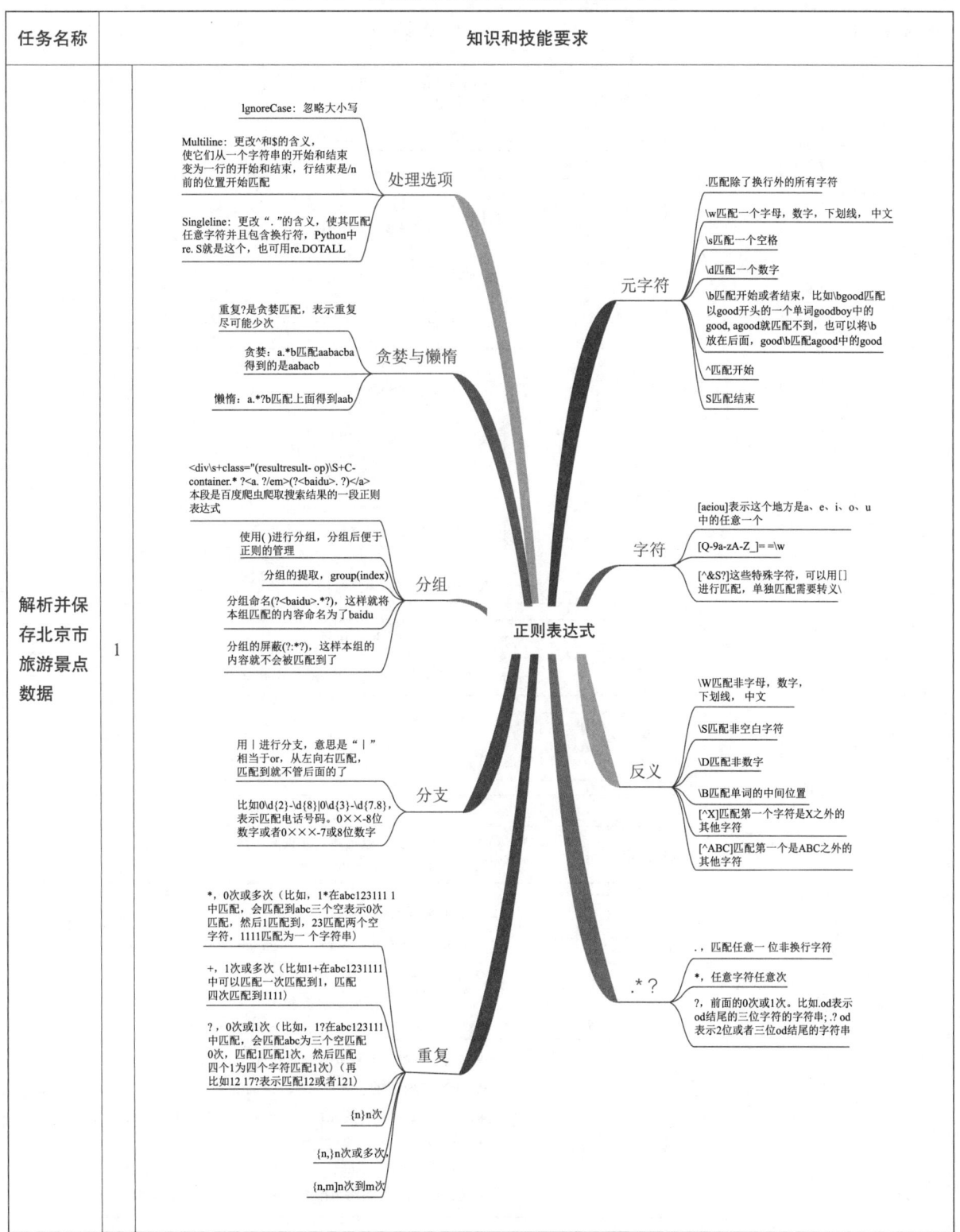

任务名称	知识和技能要求	

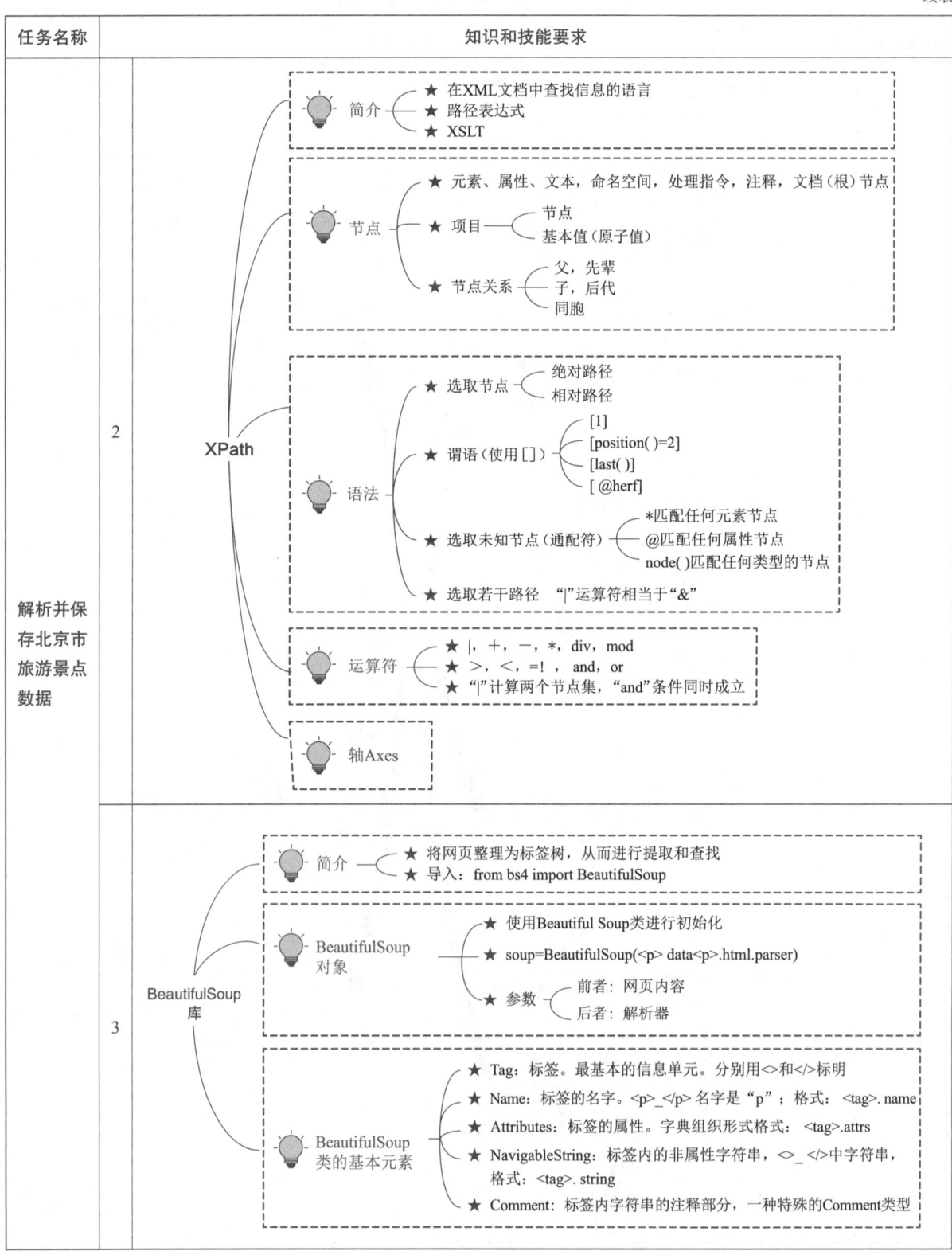

任务名称		知识和技能要求

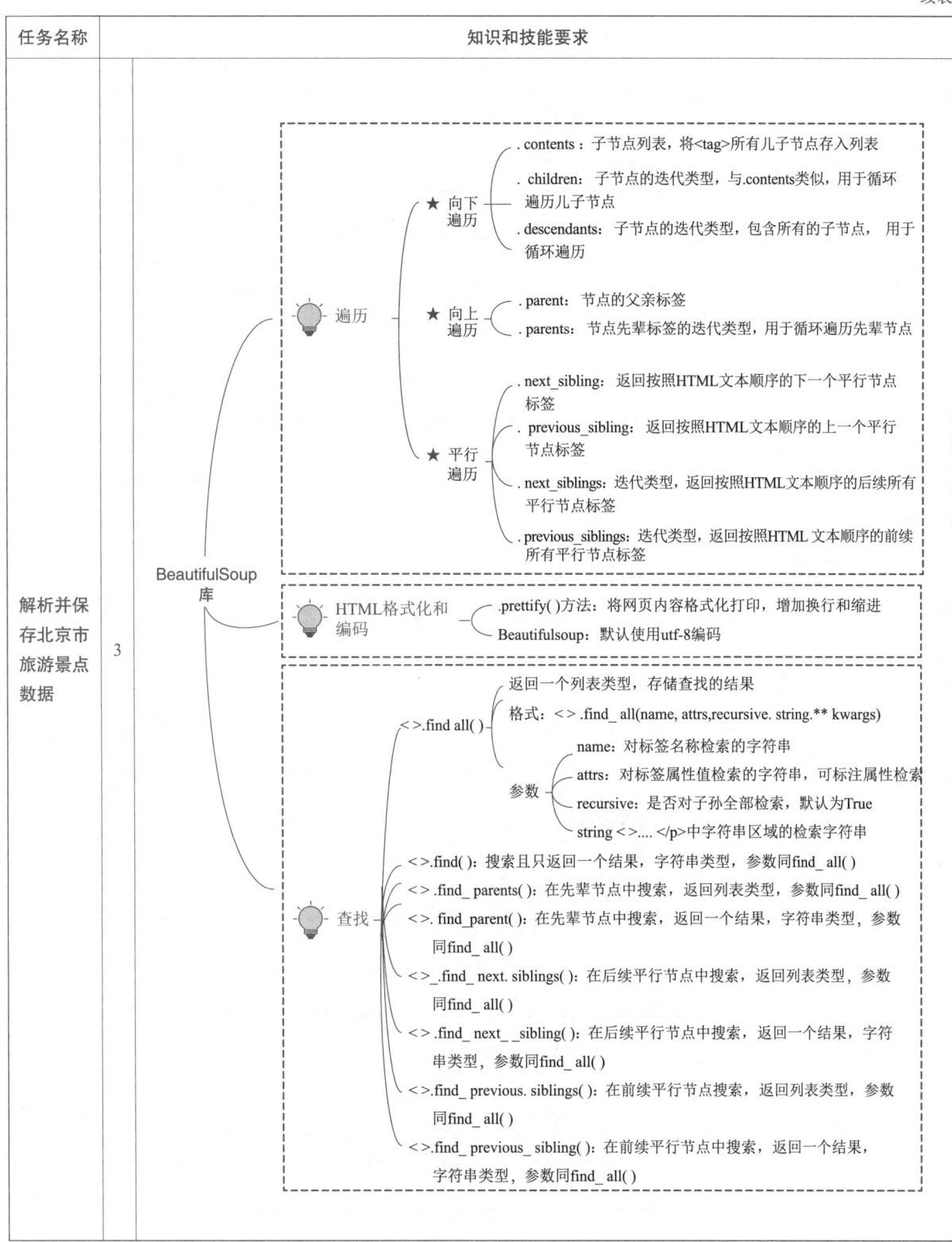

解析并保存北京市旅游景点数据 — 3 — BeautifulSoup库

遍历

★ 向下遍历
- .contents：子节点列表，将<tag>所有儿子节点存入列表
- .children：子节点的迭代类型，与.contents类似，用于循环遍历儿子节点
- .descendants：子节点的迭代类型，包含所有的子孙节点，用于循环遍历

★ 向上遍历
- .parent：节点的父亲标签
- .parents：节点先辈标签的迭代类型，用于循环遍历先辈节点

★ 平行遍历
- .next_sibling：返回按照HTML文本顺序的下一个平行节点标签
- .previous_sibling：返回按照HTML文本顺序的上一个平行节点标签
- .next_siblings：迭代类型，返回按照HTML文本顺序的后续所有平行节点标签
- .previous_siblings：迭代类型，返回按照HTML文本顺序的前续所有平行节点标签

HTML格式化和编码
- .prettify()方法：将网页内容格式化打印，增加换行和缩进
- Beautifulsoup：默认使用utf-8编码

查找

<>.find_all()
- 返回一个列表类型，存储查找的结果
- 格式：<>.find_all(name, attrs,recursive. string.** kwargs)
- 参数
  - name：对标签名称检索的字符串
  - attrs：对标签属性值检索的字符串，可标注属性检索
  - recursive：是否对子孙全部检索，默认为True
  - string <>.... </p>中字符串区域的检索字符串

<>.find()：搜索且只返回一个结果，字符串类型，参数同find_all()

<>.find_parents()：在先辈节点中搜索，返回列表类型，参数同find_all()

<>.find_parent()：在先辈节点中搜索，返回一个结果，字符串类型，参数同find_all()

<>.find_next.siblings()：在后续平行节点中搜索，返回列表类型，参数同find_all()

<>.find_next_sibling()：在后续平行节点中搜索，返回一个结果，字符串类型，参数同find_all()

<>.find_previous.siblings()：在前续平行节点搜索，返回列表类型，参数同find_all()

<>.find_previous_sibling()：在前续平行节点中搜索，返回一个结果，字符串类型，参数同find_all()

2. 引导性问题

（1）如何选择解析网页的库？

_____

_____

_____

（2）如何解决 requests.exceptions.ConnectionError ？

_____

_____

_____

（3）学习和使用爬虫需要注意什么？

_____

_____

_____

（4）爬虫实战中常见错误类型及解决方法有哪些？

_____

_____

_____

3. 探究性问题

（1）如何提高爬虫爬取数据的效率？

_____

_____

_____

（2）Python 爬虫涉及的技能点有哪些？

_____

_____

_____

学习资料

1. 正则表达式

正则表达式（regular expression）是一种文本模式，包括普通字符（例如，a 到 z 之间的字母）和特殊字符（称为"元字符"）。正则表达式是使用单个字符串来描述和匹配某个句法规则的字符串。

正则表达式

1）正则表达式的语法

正则表达式描述了一种字符串匹配的模式（Pattern），可以用来检查一个字符串是否含有某种子串、将匹配的子串替换或者从某个串中取出符合某个条件的子串等。

正则表达式作为一个模板，将某个字符模式与所搜索的字符串进行匹配。正则表达式全集见表 1-3-3。

表 1-3-3 正则表达式全集

字 符	描 述
\	将下一个字符标记为一个特殊字符，或一个原义字符，或一个向后引用，或一个八进制转义符
^	匹配输入字符串的开始位置
$	匹配输入字符串的结束位置
*	匹配前面的子表达式零次或多次
+	匹配前面的子表达式一次或多次
?	匹配位于"？"之前的 0 个或者 1 个字符或者子模式
{n}	n 是一个非负整数，匹配确定的 n 次
{n,}	n 是一个非负整数，至少匹配 n 次
{n,m}	m 和 n 均为非负整数，其中 n ≤ m。最少匹配 n 次且最多匹配 m 次
.	匹配除"\n"之外的任何单个字符。要匹配包括"\n"在内的任何字符，请使用象"(.|\n)"的模式
(pattern)	匹配 pattern 并获取这一匹配。所获取的匹配可以从产生的 Matches 集合得到，在 VBScript 中使用 SubMatches 集合，在 JScript 中则使用 $0…$9 属性。要匹配圆括号字符，请使用"\("或"\)"
(?:pattern)	匹配 pattern 但不获取匹配结果，也就是说这是一个非获取匹配，不进行存储供以后使用。这在使用"或"字符 (|) 来组合一个模式的各个部分是很有用
(?=pattern)	正向肯定预查，在任何匹配 pattern 的字符串开始处匹配查找字符串。这是一个非获取匹配，也就是说，该匹配不需要获取供以后使用

笔记栏

字　符	描　　述
(?!pattern)	正向否定预查，在任何不匹配 pattern 的字符串开始处匹配查找字符串。这是一个非获取匹配，也就是说，该匹配不需要获取供以后使用
(?<=pattern)	反向肯定预查，与正向肯定预查类似，只是方向相反
(?<!pattern)	反向否定预查，与正向否定预查类似，只是方向相反
x|y	匹配 x 或 y
[xyz]	字符集合，匹配所包含的任意一个字符
[^xyz]	负值字符集合，匹配未包含的任意字符
[a-z]	字符范围，匹配指定范围内的任意字符
[^a-z]	负值字符范围，匹配任何不在指定范围内的任意字符
\b	匹配一个单词边界，也就是指单词和空格间的位置
\B	匹配非单词边界
\cx	匹配由 x 指明的控制字符
\d	匹配一个数字字符，等价于 [0-9]
\D	匹配一个非数字字符，等价于 [^0-9]
\f	匹配一个换页符，等价于 \x0c 和 \cL
\n	匹配一个换行符，等价于 \x0a 和 \cJ
\r	匹配一个回车符，等价于 \x0d 和 \cM
\s	匹配任何空白字符，包括空格、制表符、换页符等，等价于 [\f\n\r\t]
\S	匹配任何非空白字符，等价于 [^ \f\n\r\t]
\t	匹配一个制表符，等价于 \x09 和 \cI
\v	匹配一个垂直制表符，等价于 \x0b 和 \cK
\w	匹配包括下划线的任何单词字符，等价于 "[A-Za-z0-9_]"
\W	匹配不是字母、数字及下划线的字符
\xn	匹配 n，其中 n 为十六进制转义值。十六进制转义值必须为确定的两个数字
\num	匹配 num，其中 num 是一个正整数。对所获取的匹配的引用
\n	标识一个八进制转义值或一个向后引用。如果 \n 之前至少有 n 个获取的子表达式，则 n 为向后引用。否则，如果 n 为八进制数字 (0 ~ 7)，则 n 为一个八进制转义值

续表 📝 笔记栏

字　符	描　述
\nm	标识一个八进制转义值或一个向后引用。若是 \nm 以前至少有 nm 个获取的子表达式，则 nm 为向后引用。若是 \nm 以前至少有 n 个获取的子表达式，则 n 为一个后跟文字 m 的向后引用。若是前面的条件都不满足，若 n 和 m 均为八进制数字（0～7），则 \nm 将匹配八进制转义值 nm
\nml	如果 n 为八进制数字 (0～3)，且 m 和 l 均为八进制数字 (0～7)，则匹配八进制转义值 nml
\un	匹配 n，其中 n 是一个用四个十六进制数字表示的 Unicode 字符

常用正则表达式见表 1-3-4。

表 1-3-4　常用的正则表达式

名　称	常用的正则表达式
用户名	/^[a-z0-9_-]{3,16}$/
密码	/^[a-z0-9_-]{6,18}$/
十六进制值	/^#?([a-f0-9]{6}|[a-f0-9]{3})$/
电子邮箱	/^([a-z0-9_\.-]+)@([\da-z\.-]+)\.([a-z\.]{2,6})$//^[a-z\d]+(\.[a-z\d]+)*@([\da-z](-[\da-z])?)+(\.{1,2}[a-z]+)+$/
URL	/^(https?:\/\/)?([\da-z\.-]+)\.([a-z\.]{2,6})([\/\w \.-]*)*\/?$/
IP 地址	/((2[0-4]\d|25[0-5]|[01]?\d\d?)\.){3}(2[0-4]\d|25[0-5]|[01]?\d\d?)//^(?:(?:25[0-5]|2[0-4][0-9]|[01]?[0-9][0-9]?)\.){3}(?:25[0-5]|2[0-4][0-9]|[01]?[0-9][0-9]?)$/
HTML 标签	/^<([a-z]+)([^<]+)*(?:>(.*)<\/\1>|\s+\/>)$/
删除代码 \\ 注释	(?<!http:|\S)//.*$
Unicode 编码中的汉字范围	/^[\u2E80-\u9FFF]+$/

2）re.match()

re.match() 用于从字符串的开始位置进行匹配，如果起始位置匹配成功，则返回 Match 对象，否则返回 None。使用格式如下：

```
re.match(pattern,string,[flags])
```

具体参数为：

• pattern：匹配的正则表达式。

• string：要匹配的字符串。

• flags：可选参数，标志位，用于控制正则表达式的匹配方式，如是否区分大小写、多行匹配等。

可以使用 group(num) 或 groups() 匹配对象函数来获取匹配表达式。

3）re.search()

re.search() 匹配整个字符串，并返回第一个成功的匹配结果。如果匹配失败，则返回 None。使用格式如下：

```
re.search(pattern, string, flags=0)
```

具体参数为：

- pattern：匹配规则。
- string：要匹配的内容。
- flags：是可选参数，表示匹配模式，比如忽略大小写、多行模式等，具体参数为：
  - re.I 使匹配忽略大小写。
  - re.L 表示特殊字符集 \w、\W、\b、\B、\s、\S 等，依赖于当前环境。
  - re.M 多行匹配模式。
  - re.S 使 . 匹配换行符在内的所有字符。
  - re.U 表示特殊字符集 \w、\W、\b、\B、\d、\D、\s、\S 等，依赖于 Unicode 字符属性数据库。
  - re.X 为了增加可读性，忽略空格和 # 后面的注释。

可以使用 group(num) 或 groups() 匹配对象函数来获取匹配表达式。

4）re.findall()

在字符串中找到正则表达式所匹配的所有子串，并返回一个列表，如果有多个匹配模式，则返回元组列表，如果没有找到匹配的，则返回空列表。使用格式如下：

```
re.findall(pattern, string, flags=0)
```

或

```
pattern.findall(string[, pos[, endpos]])
```

具体参数如下：

- pattern：匹配模式。
- string：待匹配的字符串。
- pos：可选参数，指定字符串的起始位置，默认为 0。
- endpos：可选参数，指定字符串的结束位置，默认为字符串的长度。

知识应用练一练

利用正则表达式匹配字符串，提取字符串中的数字。实现代码如下：

```
import re
```

```
result1=re.findall(r'\d+',' 北京是 2021 年 GDP 为 40300 亿元 ')
pattern=re.compile(r'\d+')
result2=pattern.findall(' 北京是 2021 年 GDP 为 40300 亿元 ')
result3=pattern.findall(' 北京是 2021 年 GDP 为 40300 亿元 ', 0, 10)
print(result1)
print(result2)
print(result3)
```

输出结果如下：

```
['2021', '40300']
['2021', '40300']
['2021']
```

知识应用练一练

利用正则表达式使用多个匹配模式匹配字符串。实现代码如下：

```
import re
result=re.findall(r'(\w+)=(\d+)', 'set width=50 and height=50')
print(result)
```

输出结果如下：

```
[('width', '50'), ('height', '50')]
```

5）re.finditer( )方法

和 findall( ) 类似，在字符串中找到正则表达式所匹配的所有子串，并把它们作为一个迭代器返回。使用格式如下：

```
re.finditer(pattern, string, flags=0)
```

具体参数如下：

• pattern：匹配的正则表达式。

• string：要匹配的字符串。

• flags：标志位，用于控制正则表达式的匹配方式，如是否区分大小写、多行匹配等。

知识应用练一练

利用 re.finditer() 在字符串中找到正则表达式所匹配的所有子串。 实现代码如下：

```
import re
it=re.finditer(r"\d+","12a32bc43jf3")
for match in it:
    print(match.group())
```

笔记栏

输出结果如下:

```
12
32
43
3
```

6）re.split()方法

split() 方法按照能够匹配的子串将字符串分割后返回列表。使用格式如下:

```
re.split(pattern, string[, maxsplit=0, flags=0])
```

具体参数如下:

- pattern：匹配的正则表达式。
- string：要匹配的字符串。
- maxsplit：分割次数，maxsplit=1 表示分割一次，默认为 0，不限制次数。
- flags：标志位，用于控制正则表达式的匹配方式，如是否区分大小写、多行匹配等。

知识应用练一练

利用 re.split() 按照能够匹配的子串将字符串分割。实现代码如下:

```
import re
re.split('a*', 'hello world')
```

输出结果如下:

```
['', 'h', 'e', 'l', 'l', 'o', ' ', 'w', 'o', 'r', 'l', 'd', '']
```

7）正则表达式对象

- re.RegexObject。
  - re.compile() 返回 RegexObject 对象。
- re.MatchObject。
  - group() 返回被 RE 匹配的字符串。
  - start() 返回匹配开始的位置。
  - end() 返回匹配结束的位置。
  - span() 返回一个元组包含匹配（开始，结束）的位置。

8）正则表达式修饰符

正则表达式可以包含一些可选标志修饰符来控制匹配的模式。修饰符被指定为一个可选的标志。多个标志可以通过按位 OR（|）来指定，正则表达式的修饰符见表 1-3-5。

表 1-3-5 正则表达式的修饰符

修饰符	描　　述
re.I	使匹配忽略大小写
re.L	表示特殊字符集 \w、\W、\b、\B、\s、\S 等，依赖于当前环境
re.M	多行匹配模式
re.S	使 . 匹配包括换行在内的所有字符
re.U	表示特殊字符集 \w、\W、\b、\B、\d、\D、\s、\S 等，依赖于 Unicode 字符属性数据库
re.X	为了增加可读性，忽略空格和 # 后面的注释

完成上述学习资料的学习后，根据自己的学习情况进行归纳总结，并填写学习笔记（表 1-3-6）。

表 1-3-6 学习笔记

主题		
内容		问题与重点
总结		

2. 使用 XPath

XPath 为 XML 路径语言（XML Path Language），它是一种用来确定 XML 文档中某部分位置的语言。XPath 基于 XML 的树状结构，具有在数据结构树中查找节点的能力。它最初是用来搜索 XML 文档的，同样也适用于 HTML 文档的搜索，在应用爬虫时可以使用 XPath 来做相应的信息抽取。

XPath 使用路径表达式来选取 XML 文档中的节点或节点集。节点是沿着路径

（path）或者步（steps）来选取的，从而达到确认元素的目的。XPath 的节点（node）类似于 XML，整个 HTML 是被当做节点树对待的，分为七类节点：元素、属性、文本、命名空间、处理指令、注释、根节点（文档节点）。具体节点关系为：

- 基本 / 原子节点：没有父节点或者子节点。
- 根节点：即文档节点，是整个文档的节点顶端。
- 父节点（parent）：基准节点的上级节点。
- 子节点（children）：基准节点的下级节点。
- 同胞节点（sibling）：拥有相同父节点的节点。
- 先辈（ancestor）：基准节点的父节点及以上节点。
- 后代（descendant）：基准节点的子节点或子节点的子节点。

1）语法规则

XPath 定位节点的语法规则见表 1-3-7。

表 1-3-7　XPath 定位节点的语法规则

表　达　式	作　　用
nodename	选取此层级节点下的所有子节点
/	代表从根节点进行选取
//	可以理解为匹配，就是在所有节点中选取此节点，直到匹配为止
.	选取当前节点
..	选取当前节点上一层（上一级目录）
@	选取属性（也是匹配）

2）标签定位

XPath 定位标签的语法规则见表 1-3-8。

表 1-3-8　XPath 定位标签的语法规则

方　　式	效　　果
/html/body/div	表示从根节点开始寻找，标签与标签之间 / 表示一个层级
/html//div	表示多个层级 作用于两个标签之间（也可以理解为在 html 下进行匹配寻找标签 div）
//div	从任意节点开始寻找，也就是查找所有的 div 标签
./div	表示从当前的标签开始寻找 div

3）属性定位

XPath 属性定位的语法规则见表 1-3-9 所示。

表 1-3-9　XPath 属性定位的语法规则

需　　求	格　　式
定位 div 中属性名为 href，属性 'www.baidu.com' 的 div 标签	@ 属性名 = 属性值
href 为属性名 'www.baidu.com' 为属性值	/html/body/div[href='www.baidu.com']

4）索引定位

XPath 索引定位的语法规则如表 1-3-10 所示。

表 1-3-10　XPath 索引定位的语法规则

需　　求	格　　式
定位 ul 下第二个 li 标签	//ul/li[2]
索引值开始位置	XPath索引定位的索引值从 1 开始，例如,(//input[@type="hidden"])[3]

5）获取文本内容

XPath 获取文本内容的语法规则如表 1-3-11 所示。

表 1-3-11　XPath 获取文本内容的语法规则

方　　法	效　　果
/text()	获取标签下直系的标签内容
//text()	获取标签中所有的文本内容
string()	获取标签中所有的文本内容

知识应用练一练

先创建一个如下的网页代码，保存为test.html文件，利用XPath进行定位节点。test.html 文件的实现代码如下：

```
<!DOCTYPE html>
<html>
    <head>
        <meta charset="{CHARSET}">
        <title>Title</title>
    </head>
    <body>
        <ul>
            <li><a href="https://www.tsinghua.edu.cn">清华大学 </a></li>
            <li><a href="https://www.sjtu.edu.cn">上海交通大学 </a></li>
```

```
                    <li><a href="https://www.nankai.edu.cn">南开大学</a>
</li>
                </ul>
                <ol>
                    <li><a href="beijing">北京</a></li>
                    <li><a href="shanghai">上海</a></li>
                    <li><a href="tianjin">天津</a></li>
                </ol>
                <div class="zhaosheng1"><a>清华大学招生办公室</a></div>
                <div class="zhaosheng2"><a>上海交通大学招生办公室</a>
</div>
                <div class="zhaosheng3"><a>南开大学招生办公室</a></div>
        </body>
    </html>
```

使用 * 匹配所有节点，选取整个 HTML 文本中的所有节点，实现代码如下：

```python
from lxml import etree
html=etree.parse('./test.html', etree.HTMLParser())
result=html.xpath('//*')
print(result)
```

运行结果如下：

```
[<Element html at 0x21a08ce2148>, <Element head at
0x21a08db5648>, <Element meta at 0x21a08db5688>, <Element
title at 0x21a08db56c8>, <Element body at 0x21a08db5708>, <Element
ul at 0x21a08db5488>, <Element li at 0x21a08db5508>, <Element
a at 0x21a08db5788>, <Element li at 0x21a08db57c8>, <Element a
at 0x21a08db5748>, <Element li at 0x21a08db5808>, <Element a
at 0x21a08db5848>, <Element ol at 0x21a08db5888>, <Element li
at 0x21a08db58c8>, <Element a at 0x21a08db5908>, <Element li at
0x21a08db5948>, <Element a at 0x21a08db5988>, <Element li at
0x21a08db59c8>, <Element a at 0x21a08db5a08>, <Element div at
0x21a08db5a48>, <Element div at 0x21a08db5a88>, <Element div at
0x21a08db5ac8>]
```

从上述结果中可以看出，提取结果的返回形式是一个列表，每个元素是 Element 类型，其后面是节点的名称，test.html 文件中的 html、head、meta、title、body、div、ul、li、ol、a 等节点都被提取，并且所有节点都包含在列表中。

使用 // 并直接加上节点名称，可以提取所有的某一类节点，获取所有 li 节点，实现代码如下：

```
from lxml import etree
html=etree.parse('./test.html', etree.HTMLParser())
result=html.xpath('//li')
print(result)
print(result[0])
```

输出结果如下：

```
[<Element li at 0x21a08dc2b08>, <Element li at 0x21a08dc2b48>,
<Element li at 0x21a08dc2b88>, <Element li at 0x21a08dc2bc8>, <Element
li at 0x21a08dc2c08>, <Element li at 0x21a08dc2c88>]
    <Element li at 0x21a08dc2b08>
```

从上述结果中可以看出，提取结果的返回形式是一个列表，其中每个元素都是一个 Element 对象。

通过 / 或 // 可查找元素的子节点或子孙节点。要选择 ul 节点的所有直接 li 子节点，实现代码如下：

```
from lxml import etree
html=etree.parse('./test.html', etree.HTMLParser())
result=html.xpath('//ul/li')
print(result)
```

输出结果如下：

```
[<Element li at 0x21a08dc2288>, <Element li at 0x21a08dc2308>,
<Element li at 0x21a08dc2688>]
```

从上述结果中可以看出，提取结果的返回形式是一个列表，代码中的 / 用于选取直接子节点，如果要获取所有子孙节点，就可以使用 //。

可以用 .. 来选择父节点，实现代码如下：

```
from lxml import etree
html=etree.parse('./test.html', etree.HTMLParser())
result=html.xpath('//a[@href="https://www.tsinghua.edu.cn"]/..')
print(result)
```

上述代码中首先选中 href 属性为 https://www.tsinghua.edu.cn 的 a 节点，然后再获取其父节点，输出结果如下：

```
[<Element li at 0x21a08dc5688>]
```

也可以通过 parent:: 来获取父节点，实现代码为：

```
from lxml import etree
html=etree.parse('./test.html', etree.HTMLParser())
```

```
result=html.xpath('//a[@href="https://www.tsinghua.edu.cn"]/
parent::*')
print(result)
```

输出结果如下：

```
[<Element li at 0x21a08e24c88>]
```

可以用 @ 符号进行属性过滤。比如，要选取 class 为 zhaosheng1 的 div 节点，实现代码如下：

```
from lxml import etree
html=etree.parse('./test.html', etree.HTMLParser())
result=html.xpath('//div[@class="zhaosheng1"]')
print(result)
```

输出结果如下：

```
[<Element div at 0x21a08dc7048>]
```

可以用 XPath 中的 text 方法获取节点中的文本，接下来尝试获取前面 li 节点中的文本，相关代码如下：

```
from lxml import etree
html=etree.parse('./test.html', etree.HTMLParser(encoding=
'utf8'))
result=html.xpath('//div[@class="zhaosheng1"]/a/text()')
print (result)
```

输出结果如下：

```
[' 清华大学招生办公室 ']
```

也可以使用 // 选取文本内容，具体代码如下：

```
from lxml import etree
html=etree.parse('./test.html', etree.HTMLParser(encoding=
'utf8'))
result=html.xpath('//div[@class="zhaosheng1"]//text()')
print (result)
```

输出结果如下：

```
[' 清华大学招生办公室 ']
```

获取所有 li 节点下所有 a 节点的 href 属性，具体代码如下：

```
from lxml import etree
html=etree.parse('./test.html', etree.HTMLParser())
result=html.xpath('//li/a/@href')
```

```
print(result)
```

输出结果如下：

```
['https://www.tsinghua.edu.cn', 'https://www.sjtu.edu.cn/',
'https://www.nankai.edu.cn/', 'beijing', 'shanghai', 'tianjin']
```

知识应用练一练

对于一些节点的某个属性有多个值时，利用 XPath 进行属性多值匹配。实现代码如下：

```
from lxml import etree
text='''
<li class="li zhaosheng"><a href="https://www.tsinghua.edu.cn">
清华大学招生办公室</a></li>
'''
html=etree.HTML(text)
result=html.xpath('//li[contains(@class, "li")]/a/text()')
print(result)
```

输出结果如下：

```
[' 清华大学招生办公室 ']
```

知识应用练一练

根据多个属性确定一个节点，利用 XPath 进行多属性匹配。实现代码如下：

```
from lxml import etree
text='''
<li class="li zhaosheng" name="item"><a href="https://www.tsinghua.
edu.cn">清华大学招生办公室</a></li>
'''
html=etree.HTML(text)
result=html.xpath('//li[contains(@class, "li") and @
name="item"]/a/text()')
print(result)
```

输出结果如下：

```
[' 清华大学招生办公室 ']
```

这里的 and 其实是 XPath 中的运算符。另外，还有很多运算符，如 or、mod 等，表 1-3-12 列出了可用在 XPath 表达式中的运算符。

Python 爬虫与数据采集

📓 笔记栏

表 1-3-12　XPath 表达式中的运算符

运算符	描述	实例	返回值
|	计算两个节点集	//ab | //cd	返回所有拥有 ab 和 cd 元素的节点集
+	加法	6 + 4	10
-	减法	6 - 4	2
*	乘法	6 * 4	24
div	除法	8 div 4	2
=	等于	price=9.80	如果 price 是 9.80，则返回 true 如果 price 是 9.90，则返回 false
!=	不等于	price!=9.80	如果 price 是 9.90，则返回 true 如果 price 是 9.80，则返回 false
<	小于	price<9.80	如果 price 是 9.00，则返回 true 如果 price 是 9.90，则返回 false
<=	小于或等于	price<=9.80	如果 price 是 9.00，则返回 true 如果 price 是 9.90，则返回 false
>	大于	price>9.80	如果 price 是 9.90，则返回 true 如果 price 是 9.80，则返回 false
>=	大于或等于	price>=9.80	如果 price 是 9.90，则返回 true 如果 price 是 9.70，则返回 false
or	或	price=9.80 or price=9.70	如果 price 是 9.80，则返回 true 如果 price 是 9.50，则返回 false
and	与	price>9.00 and price<9.90	如果 price 是 9.80，则返回 true 如果 price 是 8.50，则返回 false
mod	计算除法的余数	5 mod 2	1

📐 知识应用练一练

某些属性可能同时匹配了多个节点，利用 XPath 按序选择其中的某一个节点。
实现代码如下：

```
from lxml import etree
text='''
<div>
  <ul>
      <li class="zhaosheng1"><a href="https://www.tsinghua.edu.
cn">清华大学招生办公室 </a></li>
```

1-78

```
            <li class="zhaosheng2"><a href="https://www.sjtu.edu.cn">
上海交通大学招生办公室</a></li>
            <li class="zhaosheng3"><a href="https://www.nankai.edu.
cn">南开大学招生办公室</a></li>
            <li class="zhaosheng4"><a href="http://www.whu.edu.cn">武
汉大学招生办公室</a></li>
            <li class="zhaosheng5"><a href="https://www.pku.edu.cn">北
京大学招生办公室</a>
    </ul>
    </div>
    '''
html=etree.HTML(text)
result=html.xpath('//li[1]/a/text()')
print(result)
result=html.xpath('//li[last()]/a/text()')
print(result)
result=html.xpath('//li[position()<3]/a/text()')
print(result)
result=html.xpath('//li[last()-2]/a/text()')
print(result)
```

输出结果如下：

```
['清华大学招生办公室']
['北京大学招生办公室']
['清华大学招生办公室', '上海交通大学招生办公室']
['南开大学招生办公室']
```

知识应用练一练

利用 XPath 选取子元素、兄弟元素、父元素、祖先元素。实现代码如下：

```
from lxml import etree
text='''
<div>
    <ul>
        <li class="zhaosheng1"><a href="https://www.tsinghua.edu.
cn">清华大学招生办公室</a></li>
        <li class="zhaosheng2"><a href="https://www.sjtu.edu.
cn">上海交通大学招生办公室</a></li>
        <li class="zhaosheng3"><a href="https://www.nankai.edu.
cn">南开大学招生办公室</a></li>
```

```
            <li class="zhaosheng4"><a href="http://www.whu.edu.cn">
武汉大学招生办公室</a></li>
            <li class="zhaosheng5"><a href="https://www.pku.edu.
cn">北京大学招生办公室</a>
        </ul>
    </div>
    '''
html=etree.HTML(text)
result=html.xpath('//li[1]/ancestor::*')
print(result)
result=html.xpath('//li[1]/ancestor::div')
print(result)
result=html.xpath('//li[1]/attribute::*')
print(result)
result=html.xpath('//li[1]/child::a[@href="https://www.tsinghua.
edu.cn"]')
print(result)
result=html.xpath('//li[1]/descendant::span')
print(result)
result=html.xpath('//li[1]/following::*[2]')
print(result)
result=html.xpath('//li[1]/following-sibling::*')
print(result)
```

输出结果如下：

```
[<Element html at 0x21a08e8b3c8>, <Element body at
0x21a08e8b988>, <Element div at 0x21a08e78d88>, <Element ul at
0x21a08e78588>]
[<Element div at 0x21a08e78d88>]
['zhaosheng1']
[<Element a at 0x21a08e83bc8>]
[]
[<Element a at 0x21a08e87108>]
[<Element li at 0x21a08e87088>, <Element li at 0x21a08e8b988>,
<Element li at 0x21a08e8b848>, <Element li at 0x21a08e78d88>]
```

完成上述学习资料的学习后，根据自己的学习情况进行归纳总结，并填写学习笔记（表 1-3-13）。

表 1-3-13　学习笔记

主题		
内容		问题与重点
总结		

3. Beautiful Soup 库

Beautiful Soup 是 Python 的一个 HTML 或 XML 的解析库，可以用它来方便地从网页中提取数据，Beautiful Soup 提供一些简单的、Python 式的函数用来处理导航、搜索、修改文档树等功能。它是一个工具箱，通过解析文档为用户提供需要抓取的数据。Beautiful Soup 自动将输入文档转换为 Unicode 编码，输出文档转换为 UTF-8 编码。Beautiful Soup 已成为一个出色的 Python 解释器，为用户灵活地提供不同的解析策略或强劲的速度。

1）BeautifulSoup 对象

BeautifulSoup 进行文档解析是基于文档树结构来实现的，而文档树则是由 BeautifulSoup 中的 Tag、NavigableString、Beautiful Soup、Comment 四个数据对象构建而成的。BeautifulSoup 将复杂的 HTML 文档转换成一个复杂的树形结构，每个节点都是 Python 对象，所有对象可以归纳见表 1-3-14。

表 1-3-14　文档树对象

文档树对象	描　　述
Tag	作用：标签 访问方式：soup.tag 属性：tag.name（标签名），tag.attrs（标签属性）
Navigable String	作用：可遍历字符串 访问方式：soup.tag.string

📝 **笔记栏**

文档树对象	描　　述
BeautifulSoup	作用：文档全部内容，可作为 Tag 对象看待 属性：soup.name(标签名)，soup.attrs(标签属性)
Comment	作用：标签内字符串的注释 访问方式：soup.tag.string

（1）Tag 对象

Tag 其实就是 HTML 中的一个个标签，如 \<title\>Title\</title\> 中 title 标签加上里面的内容就是 Tag。每个 Tag 都有自己的名字，可以通过 .name 属性来获取。例：

```
from bs4 import BeautifulSoup
soup=BeautifulSoup("<b class='pictures'> 北京故宫 </b>",'lxml')
tag=soup.b
print(tag.name)
```

输出结果如下：

```
b
```

如果改变 tag 的 name，将影响当前通过 BeautifulSoup 对象所生成的 HTML 文档。例如：

```
from bs4 import BeautifulSoup
soup=BeautifulSoup("<b class='pictures'> 北京故宫 </b>",'lxml')
tag=soup.b
tag.name="p"
print(tag)s
```

输出结果如下：

```
p
```

一个 Tag 可能有多个属性，Tag 属性的操作方法和字典相同。例：

```
from bs4 import BeautifulSoup
soup=BeautifulSoup("<b class='pictures'> 北京故宫 </b>",'lxml')
tag=soup.b
print(tag['class'])
print(tag['class'])print(tag)s
```

输出结果如下：

```
['pictures']
```

可通过 .attrs 直接获取一个标签的所有属性。例：

```
from bs4 import BeautifulSoup
soup=BeautifulSoup("<b class='pictures'> 北京故宫 </b>",'lxml')
tag=soup.b
print(tag.attrs)
```

输出结果如下：

```
{'class': ['pictures']}
```

Tag 的属性同字典一样，可以增加，删除和修改。例：

```
from bs4 import BeautifulSoup
soup=BeautifulSoup("<b class='pictures'> 北京故宫 </b>",'lxml')
tag=soup.b
tag['class']='id'
print(tag.attrs)
```

输出结果如下：

```
{'class': 'id'}
```

知识应用练一练

创建 Tag 和 BeautifulSoup 对象。实现代码如下：

```
import lxml
import requests
from bs4 import BeautifulSoup
html='''
<!DOCTYPE html>
<html>
    <head>
        <meta charset="{CHARSET}">
        <title>Title</title>
    </head>
    <body>
        <a href="https://www.tsinghua.edu.cn"> 清华大学 </a>
        <a href="https://www.sjtu.edu.cn"> 上海交通大学 </a>
        <a href="https://www.nankai.edu.cn"> 南开大学 </a>
    </body>
</html>
'''
soup=BeautifulSoup(html,'lxml')
print(soup.head)
```

笔记栏

```
print(soup.head.name)
print(soup.head.attrs)
print(type(soup.head))
```

输出结果如下：

```
<head>
<meta charset="utf-8"/>
<title>Title</title>
</head>
head
{}
<class 'bs4.element.Tag'>
```

（2）NavigableString 对象

BeautifulSoup 用 NavigableString 类来包装 tag 中的字符串。

```
from bs4 import BeautifulSoup
soup=BeautifulSoup("<b class='pictures'>北京故宫</b>",'lxml')
print(soup.string)
print(type(soup.string))
```

输出结果如下：

```
北京故宫
<class 'bs4.element.NavigableString'>
```

Tag 中的字符串不能编辑，但可以被替换成其他字符串，使用 replace_with( ) 方法，例如：

```
from bs4 import BeautifulSoup
soup=BeautifulSoup("<b class='pictures'>北京故宫</b>",'lxml')
b_tag=soup.b
new_tag=soup.new_tag('a')
new_tag.string='故宫'
b_tag.replace_with(new_tag)
print(b_tag)new_tag.string='故宫'
b_tag.replace_with(new_tag)
print(b_tag)
```

输出结果如下：

```
<b class="pictures">北京故宫</b>
```

（3）BeautifulSoup 对象

BeautifulSoup 对象表示的是一个文档的全部内容。因为 BeautifulSoup 对象并不是真正的 HTML 或 XML 的 tag, 所以它没有 name 和 attribute 属性，但它包含  **笔记栏**
了一个值为 document 的特殊属性。

```
import lxml
import requests
from bs4 import BeautifulSoup
html='''
<!DOCTYPE html>
<html>
    <head>
        <meta charset="{CHARSET}">
        <title>Title</title>
    </head>
    <body>
        <a href="https://www.tsinghua.edu.cn">清华大学</a>
        <a href="https://www.sjtu.edu.cn">上海交通大学</a>
        <a href="https://www.nankai.edu.cn">南开大学</a>
    </body>
</html>
'''
soup=BeautifulSoup(html,'lxml')
print(type(soup))
```

输出结果如下：

```
<class 'bs4.BeautifulSoup'>
```

（4）Comment 对象

comment 对象是一个特殊类型的 NavigableString 对象。

```
from bs4 import BeautifulSoup
soup=BeautifulSoup("<b class='pictures'>北京故宫</b>",'lxml')
comment=soup.b.string
print(comment)
print(type(comment))
```

输出结果如下：

```
北京故宫
<class 'bs4.element.NavigableString'>
```

2）格式化html结构

BeautifulSoup 中有内置的方法 prettify( ) 来实现格式化输出。具体格式为：
print(soup.prettify( ))。Prettify( ) 可用于 BeautifulSoup 对象，也可用于任何标签对象。

BeautifulSoup格
式化html结构

笔记栏

◣ **知识应用练一练**

结构化输出 soup 对象。实现代码如下：

```
from bs4 import BeautifulSoup
html='''
<!DOCTYPE html>
<html>
<head>
<meta charset="{CHARSET}">
<title>Title</title>
</head>
<body>
<ul>
<li><a href="https://www.tsinghua.edu.cn">清华大学</a></li>
<li><a href="https://www.sjtu.edu.cn">上海交通大学</a></li>
<li><a href="https://www.nankai.edu.cn">南开大学</a></li>
</ul>
</body>
</html>
'''
soup=BeautifulSoup(html,'html.parser')
print(soup.prettify())
```

输出结果如下：

```
<!DOCTYPE html>
<html>
 <head>
  <meta charset="utf-8"/>
  <title>
   Title
  </title>
 </head>
 <body>
  <ul>
   <li>
    <a href="https://www.tsinghua.edu.cn">
     清华大学
    </a>
   </li>
```

```
<li>
 <a href="https://www.sjtu.edu.cn">
   上海交通大学
 </a>
</li>
<li>
 <a href="https://www.nankai.edu.cn">
   南开大学
 </a>
</li>
  </ul>
 </body>
</html>
```

3）获取标签及其内容、名称、内容

BeautifulSoup 中获取标签及其内容的方法为：soup. 标签；获取标签的 name（没有内容时，返回 None）的方法为：soup. 标签 .name。获取标签的所有内容（不包括标签）的方法为：soup. 标签 .string 或者 soup. 标签 .get_text( )。

知识应用练一练

获取标签及其内容、名称、内容等。实现代码如下：

```
from bs4 import BeautifulSoup
html='''
<!DOCTYPE html>
<html>
   <head>
      <meta charset="{CHARSET}">
      <title>Title</title>
   </head>
   <body>
      <ul>
        <li><a href="https://www.tsinghua.edu.cn">清华大学 </a>
</li>
        <li><a href="https://www.sjtu.edu.cn">上海交通大学 </a></li>
        <li><a href="https://www.nankai.edu.cn">南开大学 </a></li>
      </ul>
   </body>
   </html>
   '''
```

笔记栏

```
'''
soup=BeautifulSoup(html,'html.parser')
print(soup.li)
print(soup.li.name)
print(soup.li.string)
print(soup.li.get_text())
```

4）获取父标签及其内容、名称、内容

可以使用 find_parent( ) 或者 find_parents( ) 方法来搜索标签的父标签。find_parent( ) 方法将返回第一个匹配的内容，而 find_parents( ) 将返回所有匹配的内容，这一点与 find( ) 和 find_all( ) 方法类似。

知识应用练一练

获取标签及其内容、名称、内容等。实现代码如下：

```
from bs4 import BeautifulSoup
html='''
<!DOCTYPE html>
<html>
    <head>
        <meta charset="{CHARSET}">
        <title>Title</title>
    </head>
    <body>
        <ul>

<li><a href="https://www.tsinghua.edu.cn">清华大学</a></li>
<li><a href="https://www.sjtu.edu.cn">上海交通大学</a></li>
<li><a href="https://www.nankai.edu.cn">南开大学</a></li>
        </ul>
</body>
</html>
'''
bs=BeautifulSoup(html,'html.parser')
print(bs.li.parent.name)
print(bs.li.parent.string)
print(bs.li.parent.get_text())
```

输出结果如下：

```
ul
None
```

清华大学
上海交通大学
南开大学

5）当相同标签有多个时，默认获取的是第一个标签

获取第一个 div 标签及其内容的方法为：bs.div；获取第一个 div 标签的 id 属性的方法为：bs.div["id"]。

知识应用练一练

获取的第一个标签。实现代码如下：

```
from bs4 import BeautifulSoup
html='''
<!DOCTYPE html>
<html>
    <head>
        <meta charset="{CHARSET}">
        <title>Title</title>
    </head>
    <body>
        <ul>
         <li><a href="https://www.tsinghua.edu.cn">清华大学 </a>
</li>
            <li><a href="https://www.sjtu.edu.cn">上海交通大学 </a></li>
            <li><a href="https://www.nankai.edu.cn">南开大学 </a></li>
        </ul>
    </body>
</html>
'''
bs=BeautifulSoup(html,'html.parser')
print(bs.li)
```

输出结果如下：

```
<li><a href="https://www.tsinghua.edu.cn">清华大学 </a></li>
```

6）BeautifulSoup搜索方法

BeautifulSoup 定义了很多搜索方法，主要用的两个方法是 find() 和 find_all()，能够便捷地获取需要的内容，find_all() 的格式如下：

```
find_all(name, attrs, recursive, text, **kwargs)
```

find_all() 根据标签名、属性、内容查找文档，返回所有符合条件的内容，默认获取的是第一个。

Beautiful Soup对
节点的操作

📝 **笔记栏**

find() 的格式如下：

```
find(name, attrs, recursive, text, **kwargs)
```

find() 根据标签名、属性、内容查找文档，返回所有符合条件的内容，默认获取的是第一个。Find() 和 find_all() 实现遍历的方法见表 1-3-15。

表 1-3-15　遍历方法

遍历方法	描　　述
soup.find_all()	查找所有符合条件的标签，返回列表数据
soup.find	查找符合条件的第一个个标签，返回字符串数据
soup.tag.find_parents()	检索 tag 标签所有先辈节点，返回列表数据
soup.tag.find_parent()	检索 tag 标签父节点，返回字符串数据
soup.tag.find_next_siblings()	检索 tag 标签所有后续节点，返回列表数据
soup.tag.find_next_sibling()	检索 tag 标签下一节点，返回字符串数据
soup.tag.find_previous_siblings()	检索 tag 标签所有前序节点，返回列表数据
soup.tag.find_previous_sibling()	检索 tag 标签上一节点，返回字符串数据

📐 **知识应用练一练**

搜索标签的内容。实现代码如下：

```
import requests
import lxml
import json
from bs4 import BeautifulSoup
html="""
<html><head><title>These are college admission websites</title>
</head>
<body>
<p class="title"><b>These are college admission websites</b>
</p>
<a href="https://www.tsinghua.edu.cn" class="school" id="link1">
清华大学 </a>
<a href="https://www.sjtu.edu.cn" class="school" id="link2">
上海交通大学 </a>
<a href="https://www.nankai.edu.cn" class="school" id="link3">
南开大学 </a>
"""
soup=BeautifulSoup(html,'html.parser')
#1. find_all()
```

```
print(soup.find_all('a'))   #检索标签名
print(soup.find_all('a',id='link1'))  #检索属性值
print(soup.find_all('a',class_='school'))
print(soup.find_all(text=['清华大学','上海交通大学']))
#2. find( )
print(soup.find('a'))
print(soup.find(id='link2'))
#3. 向上检索
print(soup.p.find_parent().name)
for i in soup.title.find_parents():
    print(i.name)
#4. 平行检索
print(soup.head.find_next_sibling().name)
for i in soup.head.find_next_siblings():
    print(i.name)
print(soup.title.find_previous_sibling())
for i in soup.title.find_previous_siblings():
    print(i.name)
```

输出结果如下：

```
[<a class="school" href="https://www.tsinghua.edu.cn"
id="link1">清华大学</a>, <a class="school" href="https://www.
sjtu.edu.cn" id="link2">上海交通大学</a>, <a class="school"
href="https://www.nankai.edu.cn" id="link3">南开大学</a>]
    [<a class="school" href="https://www.tsinghua.edu.cn"
id="link1">清华大学</a>]
    [<a class="school" href="https://www.tsinghua.edu.cn"
id="link1">清华大学</a>, <a class="school" href="https://www.
sjtu.edu.cn" id="link2">上海交通大学</a>, <a class="school"
href="https://www.nankai.edu.cn" id="link3">南开大学</a>]
    ['清华大学','上海交通大学']
    <a class="school" href="https://www.tsinghua.edu.cn" id="link1">
清华大学</a>
    <a class="school" href="https://www.sjtu.edu.cn" id="link2">上
海交通大学</a>
    body
    head
    html
    [document]
```

```
body
body
None
```

find_ 其他用法。Beautiful Soup 定义了其他 find 方法，包括：

• find_parents() 和 find_parent()。find_parents() 返回所有祖先节点，find_parent() 返回直接父节点。

• find_next_siblings() 和 find_next_sibling()。find_next_siblings() 返回后面所有兄弟节点，find_next_sibling() 返回后面第一个兄弟节点。

• find_previous_siblings() 和 find_previous_sibling()。find_previous_siblings() 返回前面所有兄弟节点，find_previous_sibling() 返回前面第一个兄弟节点。

• find_all_next() 和 find_next()。find_all_next() 返回节点后所有符合条件的节点，find_next() 返回第一个符合条件的节点。

• find_all_previous() 和 find_previous()。find_all_previous() 返回节点后所有符合条件的节点，find_previous() 返回第一个符合条件的节点。

7）CSS选择

BeautifulSoup 选择器支持绝大部分的 CSS 选择器，在 Tag 或 BeautifulSoup 对象的 .select() 方法中传入字符串参数，即可使用 CSS 选择器找到 Tag。

知识应用练一练

获取的第一个标签。实现代码如下：

```
import lxml
from bs4 import BeautifulSoup
html="""
<html><head><title>These are college admission websites</title>
</head>
<body>
<p class="title"><b>These are college admission websites</b></p>
<a href="https://www.tsinghua.edu.cn" class="school" id="link1">
清华大学 </a>
<a href="https://www.sjtu.edu.cn" class="school" id="link2">
上海交通大学 </a>
<a href="https://www.nankai.edu.cn" class="school" id="link3">
南开大学 </a>
"""
soup=BeautifulSoup(html,'html.parser')
print(' 标签查找 :',soup.select('a'))
print(' 属性查找 :',soup.select('a[id="link1"]'))
print(' 类名查找 :',soup.select('.school'))
```

```
print('id查找：',soup.select('#link1'))
print('组合查找：',soup.select('p #link1'))
```

输出结果如下：

标签查找：[<a class="school" href="https://www.tsinghua.edu.cn" id="link1">清华大学</a>, <a class="school" href="https://www.sjtu.edu.cn" id="link2">上海交通大学</a>, <a class="school" href="https://www.nankai.edu.cn" id="link3">南开大学</a>]

属性查找：[<a class="school" href="https://www.tsinghua.edu.cn" id="link1">清华大学</a>]

类名查找：[<a class="school" href="https://www.tsinghua.edu.cn" id="link1">清华大学</a>, <a class="school" href="https://www.sjtu.edu.cn" id="link2">上海交通大学</a>, <a class="school" href="https://www.nankai.edu.cn" id="link3">南开大学</a>]

id查找：[<a class="school" href="https://www.tsinghua.edu.cn" id="link1">清华大学</a>]

组合查找：[]

8）遍历提取

BeautifulSoup 之所以将文档转为树状结构，是因为树状结构更便于对内容的遍历提取。遍历提取内容的方法见表 1-3-16 ～表 1-3-18。

表 1-3-16　向下遍历提取内容的方法

向下遍历方法	描　述
tag.contents	tag 标签子节点，以列表形式输出
tag.children	tag 标签子节点，用于循环遍历子节点
tag.descendants	tag 标签子孙节点，用于循环遍历子孙节点

表 1-3-17　向上遍历提取内容的方法

向上遍历方法	描　述
tag.parent	tag 标签父节点
tag.parents	tag 标签先辈节点，用于循环遍历先辈节点

笔记栏

表 1-3-18　平行遍历提取内容的方法

平行遍历方法	描　述
tag.next_sibling	tag 标签下一兄弟节点
tag.previous_sibling	tag 标签上一兄弟节点
tag.next_siblings	tag 标签后续全部兄弟节点
tag.previous_siblings	tag 标签前序全部兄弟节点

知识应用练一练

利用 BeautifulSoup 对网页的内容遍历提取。实现代码如下：

```
from bs4 import BeautifulSoup
html='''
<!DOCTYPE html>
<html>
<head>
<meta charset="{CHARSET}">
<title>Title</title>
</head>
<body>
<ul>
<li><a href="https://www.tsinghua.edu.cn">清华大学 </a></li>
<li><a href="https://www.sjtu.edu.cn">上海交通大学 </a></li>
<li><a href="https://www.nankai.edu.cn">南开大学 </a></li>
</ul>
</body>
</html>
'''
soup=BeautifulSoup(html,'html.parser')

#1. 向下遍历
print(soup.li.contents)
print(list(soup.li.children))
print(list(soup.li.descendants))
#2. 向上遍历
print(soup.li.parent.name,'\n')
for i in soup.li.parents:
    print(i.name)
#3. 平行遍历
```

```
print('li_next:',soup.li.next_sibling)
for i in soup.li.next_siblings:
    print('li_nexts:',i)
print('li_previous:',soup.li.previous_sibling)
for i in soup.li.previous_siblings:
    print('li_previouss:',i)
```

输出结果如下：

```
[<a href="https://www.tsinghua.edu.cn">清华大学</a>]
[<a href="https://www.tsinghua.edu.cn">清华大学</a>]
[<a href="https://www.tsinghua.edu.cn">清华大学</a>, '清华大学']
ul
ul
body
html
[document]
li_next:
li_nexts:
li_nexts: <li><a href="https://www.sjtu.edu.cn">上海交通大学</a>
</li>
li_nexts:
li_nexts: <li><a href="https://www.nankai.edu.cn">南开大学</a>
</li>
li_nexts:
li_previous:
li_previouss:
```

完成上述学习资料的学习后，根据自己的学习情况进行归纳总结，并填写学习笔记（表 1-3-19）。

表 1-3-19　学习笔记

主题		
内容		问题与重点
总结		

1-95

笔记栏

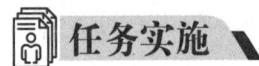
任务实施

解析"去哪儿"网中北京市旅游景点信息的实施过程如表 1-3-20 所示。

表 1-3-20　解析"去哪儿"网中北京市旅游景点信息

按照任务步骤完成任务的实施，具体的步骤为：解析北京景点信息→分析网页代码→找到 list_item clrfix 标签→提取 li 标签的内容→批量解析每个景点的内容→保存数据，具体的实施过程如下：

（1）解析爬取的北京景点信息	提取网站代码的代码为：
	
	`soup=BeautifulSoup(r.text, 'lxml')`
	`soup.title`
	
	输出结果如图 1-3-1 所示。
	
	〈title〉北京旅游景点推荐-2022北京旅游必去景点-排名，好玩-去哪儿攻略〈/title〉
	
	图 1-3-1　输出结果
	
	提取 ul 标签内容的代码为：
	
	`ul=soup.find('ul',class_="list_item clrfix")`
	`ul.text`
	
	输出结果如图 1-3-2 所示。
	
	144332873故宫The Palace Museum52%去过北京的驴友来过这里北京景点排名第1世界五大宫之首，是中国明清两代的皇家宫殿。21413471恭王府Prince Gong's Mansion28%去过北京的驴友来过这里北京景点排名第5曾经和珅的宅邸，也是如今保存完整的王府。3573711古北水镇Gubei Water Town1%去过北京的驴友来过这里北京景点排名第1京郊少见的北方水镇，建筑古韵十足，泡温泉、登长城。432015752颐和园Summer Palace43%去过北京的驴友来过这里北京景点排名第4被誉为"皇家园林博物馆"，参观园林，泛舟昆明湖。517370北京平谷金海湖Beijing Pinghu District Jinhai Lake0%去过北京的驴友来过这里北京景点排名第190夏季参加丰富多彩的水上项目，秋天乘船欣赏沿岸漫山遍野的红叶。6441315玉渊潭公园Yuyuantan Park1%去过北京的驴友来过这里北京景点排名第103北京的赏樱胜地和放松佳处，林中小憩或泛舟湖上都让人心旷神怡。7023白瀑寺Baipu Temple0%去过北京的驴友来过这里北京景点排名第3586314614八达岭长城Badaling Great Wall38%去过北京的驴友来过这里北京景点排名第1"不到长城非好汉"，这里是长城的精华部分。921838北京植物园Beijing Botanical Garden0%去过北京的驴友来过这
	
	图 1-3-2　输出结果
	
	`li=ul.find_all('li')`
	`print(li[0].text)`
	
	输出结果如图 1-3-3 所示。
	
	144332873故宫The Palace Museum52%去过北京的驴友来过这里北京景点排名第1世界五大宫之首，是中国明清两代的皇家宫殿。
	
	图 1-3-3　输出结果
	
	将排名第一的景点信息添加到字典中的代码为：
	
	`li1=li[0]`
	`    # 筛选第一个数据`
	`dic={}`

续表   笔记栏

（1）解析爬取的北京景点信息	```
	  dic['lat']=li1['data-lat']
	  dic['lng']=li1['data-lng']
	  dic['景点名称']=li1.find('span',class_="cn_tit').
	text
	  dic['攻略提到数量']=li1.find('div',class_="strategy_
	sum").text
	  dic['点评数量']=li1.find('div',class_="comment_sum").
	text
	  dic['景点排名']=li1.find('span',class_="ranking_
	sum").text
	  dic['星级']=li1.find('span',class_="total_star").
	find('span')['style'].split(':')[1]
	       # 标签识别
	  print(dic)
	``
	输出结果如图 1-3-4 所示。
	
	{'lat': '39.924091', 'lng': '116.403414', '景点名称': '故宫The Palace Museum', '攻略提到数量': '443', '点评数量': '32873', '景点排名': '北京景点排名第1', '星级': '94%'}
	
	图 1-3-4 输出结果
	
	将所有的景点信息添加到字典中的代码为：
	
	``
	beijingdata=[]
	n=0
	for i in li:
	    n+=1
	    dic={}
	    dic['lat']=i['data-lat']
	    dic['lng']=i['data-lng']
	    dic['景点名称']=i.find('span',class_="cn_tit").text
	    dic['攻略提到数量']=i.find('div',class_=
	"strategy_sum").text
	    dic['点评数量']=i.find('div',class_="comment_
	sum").text
	    dic['景点排名']=i.find('span',class_="ranking_
	sum").text
	    dic['星级']=i.find('span',class_="total_star").
	find('span')['style'].split(':')[1]
	    beijingdata.append(dic)
	       # 分别获取字段内容
	beijingdata[:2]
	``
	输出结果如图 1-3-5 所示。
	
	[{'lat': '39.924091',
	  'lng': '116.403414',
	  '景点名称': '故宫The Palace Museum',
	  '攻略提到数量': '443',
	  '点评数量': '32873',
	  '景点排名': '北京景点排名第1',
	  '星级': '94%'},
	 {'lat': '39.943381',
	  'lng': '116.392599',
	  '景点名称': '恭王府Prince Gong's Mansion',
	  '攻略提到数量': '141',
	  '点评数量': '3471',
	  '景点排名': '北京景点排名第5',
	  '星级': '90%'}]
	
	图 1-3-5 输出结果

 笔记栏

完成景点信息的爬取代码：

```
beijingdatai=[]
n=0
for ui in urllst:
    r=requests.get(ui)
    soup=BeautifulSoup(r.text, 'lxml')
        # 访问数据
    ul=soup.find('ul',class_="list_item clrfix")
    li=ul.find_all('li')
        # 解析标签
    for i in li:
        n+=1
        dic={}
        dic['lat']=i['data-lat']
        dic['lng']=i['data-lng']
        dic['景点名称']=i.find('span',class_="cn_
tit").text
        dic['攻略提到数量']=i.find('div',class_=
"strategy_sum").text
        dic['点评数量']=i.find('div',class_="comment_
sum").text
        dic['景点排名']=i.find('span',class_=
"ranking_sum").text
        dic['星级']=i.find('span',class_="total_
star").find('span')['style'].split(':')[1]
        datai.append(dic)
        print('成功采集%i条数据' % n)
            # 分别获取字段内容
beijingdatai[:5]
```

（1）解析爬取的北京景点信息

输出结果如图 1-3-6 所示。

```
成功采集1条数据
成功采集2条数据
成功采集3条数据
成功采集4条数据
成功采集5条数据
成功采集6条数据
成功采集7条数据
成功采集8条数据
成功采集9条数据
成功采集10条数据
成功采集11条数据
```

图 1-3-6　输出结果

将景点信息转成 DataFrame：

```
df=pd.DataFrame(datai)
df
```

输出结果如图 1-3-7 所示。

	lat	lng	景点名称	攻略提到数量	点评数量	景点排名	星级
0	39.924091	116.403414	故宫The Palace Museum	443	32873	北京景点排名第1	94%
1	39.943381	116.392599	恭王府Prince Gong's Mansion	141	3471	北京景点排名第5	90%
2	40.661046	117.284632	古北水镇Gubei Water Town	57	3711	北京景点排名第1	92%
3	40.004869	116.278749	颐和园Summer Palace	320	15752	北京景点排名第4	94%
4	40.187348	117.310896	北京平谷金海湖Beijing Pinghu District Jinhai Lake	17	370	北京景点排名第190	94%

图 1-3-7　输出结果

（2）保存数据	保存景点信息： `df.to_csv("./Test.csv", encoding="utf-8-sig", mode="a", header=False, index=False)`

任务评价

上述任务完成后，填写表 1-3-21，对知识点掌握情况进行自我评价，并进行学习总结。

表 1-3-21　自我评价、总结表

任务 3	解析并保存北京市旅游景点数据自我测评与总结		
考核项目	任务 知识点	自我 评价	学习 总结
正则表达式	特殊字符及含义	□ 没有掌握 □ 基本掌握 □ 完全掌握	
	预定义字符	□ 没有掌握 □ 基本掌握 □ 完全掌握	
	花括号表达式	□ 没有掌握 □ 基本掌握 □ 完全掌握	
	方括号表达式	□ 没有掌握 □ 基本掌握 □ 完全掌握	
	Java 中使用正则表达式	□ 没有掌握 □ 基本掌握 □ 完全掌握	
	常用正则表达式	□ 没有掌握 □ 基本掌握 □ 完全掌握	
XPath 库	XPath 基本概念	□ 没有掌握 □ 基本掌握 □ 完全掌握	
	XPath 的节点	□ 没有掌握 □ 基本掌握 □ 完全掌握	

🖊 **笔记栏**

考核项目	任务 知识点	自我 评价	学习 总结
XPath 库	XPath 的语法	☐ 没有掌握 ☐ 基本掌握 ☐ 完全掌握	
	XPath 的运算符	☐ 没有掌握 ☐ 基本掌握 ☐ 完全掌握	
	XPath 的轴 Axes	☐ 没有掌握 ☐ 基本掌握 ☐ 完全掌握	
BeautifulSoup 库	什 么 是 Beautiful Soup 库，它有什么作用	☐ 没有掌握 ☐ 基本掌握 ☐ 完全掌握	
	Beautiful Soup 对象	☐ 没有掌握 ☐ 基本掌握 ☐ 完全掌握	
	Beautiful Soup 类的基本元素	☐ 没有掌握 ☐ 基本掌握 ☐ 完全掌握	
	Beautiful Soup 遍历节点	☐ 没有掌握 ☐ 基本掌握 ☐ 完全掌握	
	HTML 格式化和编码	☐ 没有掌握 ☐ 基本掌握 ☐ 完全掌握	
	如何利用 Beautiful Soup 进行查找	☐ 没有掌握 ☐ 基本掌握 ☐ 完全掌握	

本任务结束后，填写表 1-3-22 进行小组评价、教师评价并反馈学习、实践中存在的问题。

表 1-3-22   任务评价表

笔记栏

任务3		解析并保存北京市旅游景点数据		
序号	检查项目	检查标准	小组评价	教师评价
1	正则表达式	• 特殊字符及含义 • 预定义字符 • 花括号表达式 • 方括号表达式 • Java 中使用正则表达式 • 常用正则表达式		
2	XPath 库	• XPath 的作用 • XPath 相关符号以及意义 • 选取节点语法		
3	Beautiful Soup 库	• Beautiful Soup 库的理解 • Beautiful Soup 库的引用 • Beautiful Soup 库解析器 • 基于 Beautiful Soup 库的 HTML 内容遍历方法 • 基于 Beautiful Soup 库的 HTML 格式输出		
检查评价	班　　级		第　组	组长签字	
	教师签字		日　期		
	评语：				

 笔记栏

项目二
爬取动态内容

为了完成本项目的学习，请先阅读下面学习性工作任务单（表 2-1-1）。

表 2-1-1　学习性工作任务单

项目 学习目标	• 了解静态网页和动态网页的区别。 • 逆向分析爬取动态网页。 • 安装 Selenium 库以及下载浏览器补丁。 • 掌握利用 Selenium 库声明浏览对象并访问页面的方法。 • 掌握利用 Selenium 库实现页面等待。 • 掌握利用 Selenium 库对页面进行操作。 • 掌握利用 Selenium 库实现对元素的选取。 • 掌握利用 Selenium 库设置预期的条件
项目描述	利用 Selenium 爬取京东商品信息数据，将信息数据保存到 csv 文件中
任务 1	安装 Selenium
任务 2	使用 Selenium 库爬取京东商品信息数据
项目 验收标准	• 准确通过爬虫方法爬取动态网页数据； • 能解析动态网页； • 能保存动态网页数据

任务 1　安装 Selenium

任务分析

对搭建动态网页爬虫环境任务进行任务分析同见表 2-1-2。

表 2-1-2　任务分析

任务 1	动态网页爬虫环境搭建	学时	4
典型工作 过程描述	下载 Selenium 库→安装 Selenium 库→配置 ChromeDriver →测试 Selenium 库 是否安装成功		

🖋 **笔记栏**

任务目标	了解爬虫的基本原理和流程，根据爬虫动态网页数据的需要搭建爬虫环境
任务描述	下载并安装 Selenium 库。 配置 ChromeDriver。 重点：安装 Selenium 库； 难点：可以直接利用 pip 安装可能网速比较慢，安装时间比较长，建议先下载 wheel 文件，然后再安装
工作思路	执行流程：下载 Selenium 库→安装 Selenium 库→配置 ChromeDriver →测试是否安装成功。 设计过程：先下载软件包，进行软件包的安装，最后验证软件是否安装成功
任务要求	学会动态网页爬虫的需要环境的搭建。 掌握动态页爬虫需要的软件环境。 安装 Selenium 库

导　学

1. 任务导学

为了完成动态页爬虫环境的搭建，请先按照导读信息进行相关知识点的学习，掌握一定的操作技能，然后进行任务的实施，并对实施的效果进行评价。本任务知识和技能的导学单见表 2-1-3。

表 2-1-3　动态网页爬虫环境搭建导学单

任务名称	知识和技能要求
动态网页爬虫环境搭建	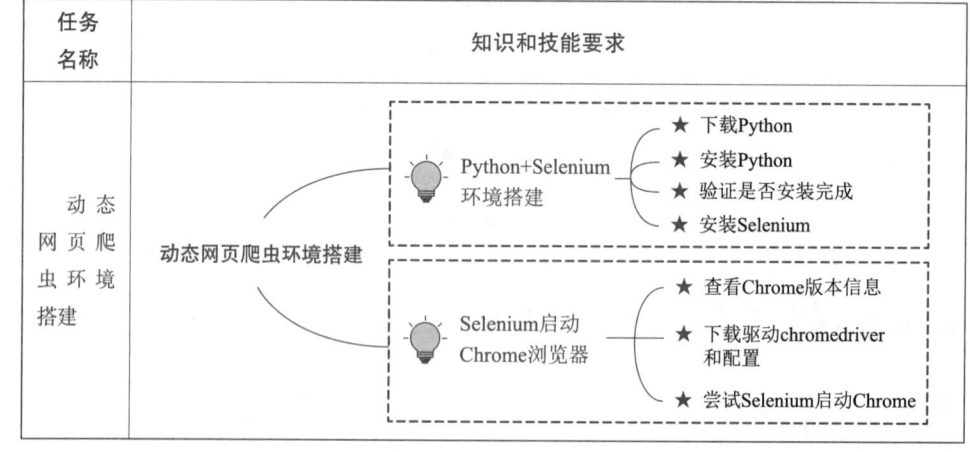

2. 引导性问题

（1）什么是动态网页？其与静态网页有哪些差异？

_____

_____

_____

笔记栏

（2）要利用爬虫获取动态页数据，需要安装哪些第三方库？

3. 探究性问题

请你整理一下，指出环境搭建过程中出现的问题。

学习资料

安装 Selenium 库。

1. 安装方法

使用 conda 或 pip 进行安装，利用 conda 的安装方法为：

```
conda install selenium
```

利用 pip 的安装方法为：

```
pip install selenium
```

Selenium的安装

2. 配置ChromeDriver

ChromeDriver 下载地址为：http://npm.taobao.org/mirrors/chromedriver/，ChromeDriver 的版本要与你使用的 Chrome 版本（下载地址中选择对应的 Chrome 浏览器）对应，版本信息如图 2-1-1 所示。

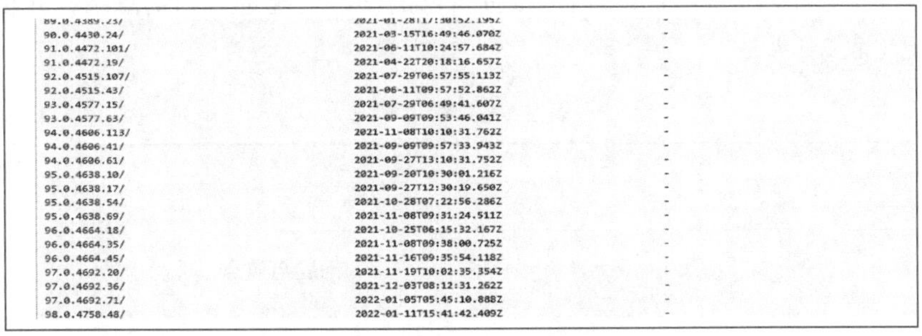

89.0.4389.23/	2021-01-28T17:30:52.195Z	-
90.0.4430.24/	2021-03-15T16:49:46.070Z	-
91.0.4472.101/	2021-06-11T10:24:57.684Z	-
91.0.4472.19/	2021-04-22T20:18:16.657Z	-
92.0.4515.107/	2021-07-29T06:57:55.113Z	-
92.0.4515.43/	2021-06-11T09:57:52.862Z	-
93.0.4577.15/	2021-07-29T06:49:41.607Z	-
93.0.4577.63/	2021-09-09T09:53:46.041Z	-
94.0.4606.113/	2021-11-08T10:10:31.762Z	-
94.0.4606.41/	2021-09-09T09:57:33.943Z	-
94.0.4606.61/	2021-09-27T13:10:31.752Z	-
95.0.4638.10/	2021-09-20T10:30:01.216Z	-
95.0.4638.17/	2021-09-27T12:30:19.650Z	-
95.0.4638.54/	2021-10-28T07:22:56.286Z	-
95.0.4638.69/	2021-11-08T09:31:24.511Z	-
96.0.4664.18/	2021-10-25T06:15:32.167Z	-
96.0.4664.35/	2021-11-08T09:38:00.725Z	-
96.0.4664.45/	2021-11-16T09:35:54.118Z	-
97.0.4692.20/	2021-11-19T10:02:35.354Z	-
97.0.4692.36/	2021-12-03T08:12:31.262Z	-
97.0.4692.71/	2022-01-05T05:45:10.888Z	-
98.0.4758.48/	2022-01-11T15:41:42.409Z	-

图 2-1-1　ChromeDriver 的版本

查看自己的 Chrome 浏览器版本，如图 2-1-2 所示。

将 chromedriver.exe 放置在 anaconda 安装路径下的 Scripts 目录下，例如：C:\Anaconda\Scripts。

📝 笔记栏

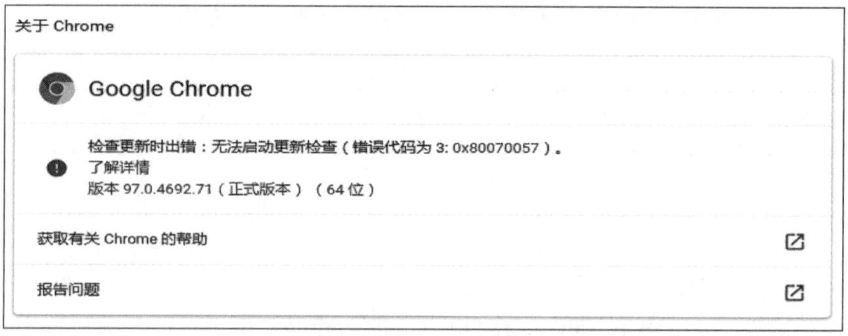

图 2-1-2　查看 Chrome 浏览器的版本

3. 测试Selenium库是否安装成功

用 Chrome 浏览器来测试 Selenium 库是否安装成功，具体的测试代码如下：

```
from selenium import webdriver
browser=webdriver.Chrome()
browser.get('http://www.baidu.com/')
```

运行这段代码，会自动打开浏览器，然后访问百度，如图 2-1-3 所示，说明 Selenium 库安装成功。

图 2-1-3　验证 Selenium 是否安装成功

如果程序执行错误，浏览器没有打开，那么应该是没有装 Chrome 浏览器或者 Chrome 驱动没有配置在环境变量里。

完成上述学习资料的学习后，根据自己的学习情况进行归纳总结，并填写学习笔记（表 2-1-4）。

表 2-1-4　学习笔记

主题		
内容		问题与重点
总结：		

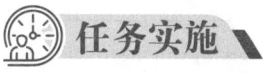 **任务实施**

动态网页爬虫环境安装 Selenium 的实施过程如表 2-1-5 所示。

表 2-1-5　动态网页爬虫环境安装 Selenium 的实施过程

按照步骤完成任务的实施，具体的步骤为：下载 Selenium 库→安装 Selenium 库→配置 ChromeDriver→测试 Selenium 库是否安装成功。本任务的实施以 Windows 64 位系统为例进行爬虫环境的搭建，具体的实施过程如下：

（1）安装 Selenium

利用 pip 安装：pip install selenium，执行过程如图 2-1-4 和图 2-1-5 所示。

图 2-1-4　输入安装命令

图 2-1-5　利用 pip 安装 Selenium

利用 conda 安装：conda install selenium，如图 2-1-6 所示。

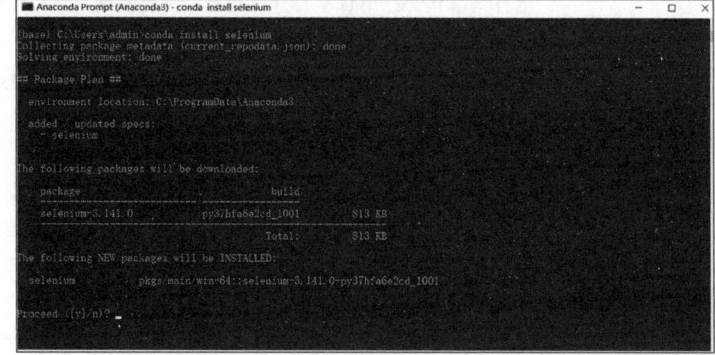

图 2-1-6　利用 conda 安装 Selenium

📝 **笔记栏**

	ChromeDriver 下载地址为：http://npm.taobao.org/mirrors/chromedriver/，如图 2-1-7 所示。 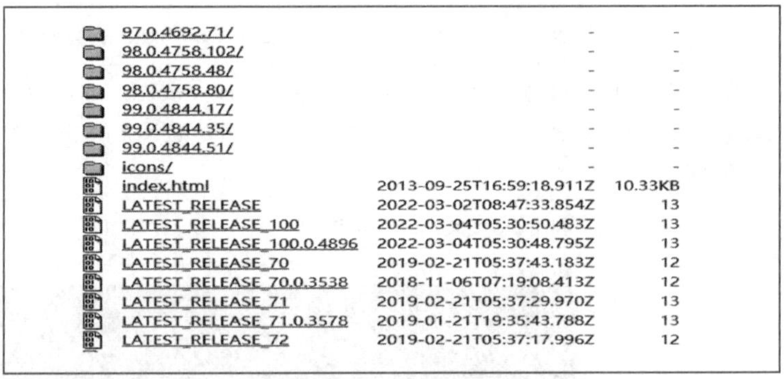

图 2-1-7 ChromeDriver 的下载地址和版本

（2）配置 ChromeDriver

查看自己的 Chrome 浏览器版本，如图 2-1-8 所示。

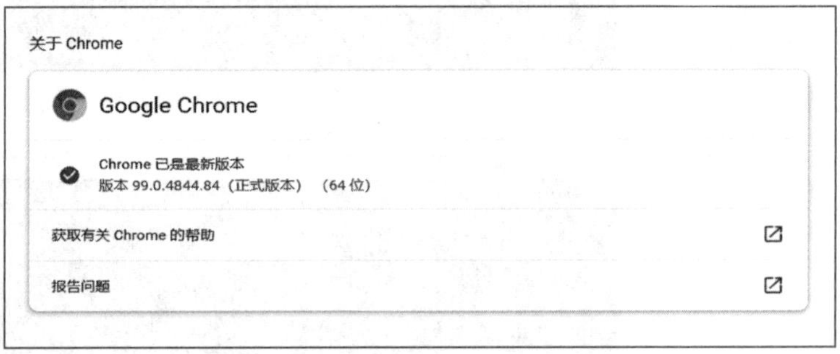

图 2-1-8 查看 Chrome 浏览器版本信息

将 chromedriver.exe 放置在 anaconda 安装路径下的 Scripts 目录下，例如：C:\Anaconda\Scripts。

（3）检验 Selenium 是否安装成功

```
from selenium import webdriver
browser=webdriver.Chrome()
browser.get('http://www.baidu.com/')
```

运行这段代码，会自动打开浏览器，然后访问百度，如图 2-1-9 所示，说明 Selenium 库安装成功。

图 2-1-9 检验 Selenium 是否安装成功

如果程序执行错误，浏览器没有打开，那么应该是没有装 Chrome 浏览器或者 Chrome 驱动没有配置在环境变量里。

 任务评价

上述任务完成后，填写表 2-1-6，对知识点掌握情况进行自我评价，并进行学习总结。

表 2-1-6 自我评价、总结表

任务 1	动态网页爬虫环境搭建自我测评与总结		
考核项目	任务知识点	自我评价	学习总结
下载并安装 Selenium	利用 pip 安装 Selenium 库	□ 没有掌握 □ 基本掌握 □ 完全掌握	
	利用 conda 安装 Selenium 库	□ 没有掌握 □ 基本掌握 □ 完全掌握	
	验证 Selenium 库是否安装成功	□ 没有掌握 □ 基本掌握 □ 完全掌握	
配置 ChromeDriver	下载 ChromeDriver	□ 没有掌握 □ 基本掌握 □ 完全掌握	
	查看自己的 Chrome 浏览器版本	□ 没有掌握 □ 基本掌握 □ 完全掌握	
	配置 ChromeDriver	□ 没有掌握 □ 基本掌握 □ 完全掌握	

本任务结束后，填写表 2-1-7 进行小组评价、教师评价并反馈学习、实践中存在的问题。如表 2-1-7 所示。

表 2-1-7 任务评价表

任务 1	静态网页爬虫环境搭建			
序号	检查项目	检查标准	小组评价	教师评价
1	下载并安装 Selenium 库	• 是否能自行完成 Selenium 的下载 • 是否成功完成 Selenium 的安装 • 掌握检查 Selenium 库是否安装成功的方法		

笔记栏

序号	检查项目	检查标准	小组评价	教师评价
2	配置 ChromeDriver	• 是否能自行完成 ChromeDriver 的下载 • 是否能查看自己的浏览器版本 • 是否掌握 ChromeDriver 的配置		

检查评价	班 级		第 组	组长签字	
	教师签字		日 期		
	评语：				

任务 2 利用 Selenium 爬取京东商品信息数据

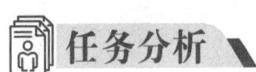 **任务分析**

利用 Selenium 爬取京东商品信息数据任务进行分析见表 2-2-1。

表 2-2-1 任务分析

任务 2	利用 Selenium 爬取京东商品信息数据	学时	14
典型工作过程描述	导入模块→创建浏览器对象→定义搜索函数，实现自动在京东页面搜索框进行自动搜索→定义翻页函数，实现翻页→保存数据→定义主函数，调用主函数，完成数据的爬取		
任务目标	本任务要求利用 Selenium 爬取京东商品信息，具体要达到如下任务目标： •定义搜索函数，实现在京东页面搜索框进行自动搜索； •定义翻页函数，实现翻页； •保存数据； •定义主函数，调用主函数，完成数据的爬取		
任务描述	编写程序爬取京东商品信息数据： •了解如何查看网页 HTML 源码并查找抓取规律； •批量获取数据页面 url； •访问页面并获取景点数据。 难点：定义搜索函数，实现在京东页面搜索框进行自动搜索		
工作思路	•执行流程：网页访问→确定想要抓取的内容→确定数据的 url→定位位置，抓取信息。 •设计过程：导入模块→创建浏览器对象→定义搜索函数，实现在京东页面搜索框进行自动搜索→定义翻页函数，实现翻页→保存数据→定义主函数，调用主函数，完成数据的爬取		

任务 2	利用 Selenium 爬取京东商品信息数据	学时	14
任务 要求	完成本任务后，将能够： •了解如何查看网页 HTML 源码并查找抓取规律； •利用 Selenium 爬取京东商品信息数据		

 导　学

1. 任务导学

利用 Selenium 爬取京东商品信息，请先按照导学信息进行相关知识点的学习，掌握一定的操作技能，然后进行任务的实施，并对实施的效果进行评价。本任务知识和技能的导学单见表 2-2-2。

表 2-2-2　任务 2 爬取京东商品信息数据导学单

任务名称		知识和技能要求
爬取京东 商品信息 数据	1	元素定位 - webdriver — ★ 导入By类from selenium.web driver.common.by id属性定位： driver.find Element_By, id('id') name属性定位： find_element(By.NAME, "name"] classname属性定位： find_element(By.CLASS_NAME, "claname") ★ By定位方法 a标签文本属性定位： find_element(By.LINK_ TEXT, "text") a标签部分文本属性定位： find_ element(By.PARTIAL_LINK_TEXT, "partailtext") 标签名定位： find_ elemnt(By.TAG_ NAME, "input") xpath路径定位： find_ element(By.XPATH, "//div[@name='name']') css选择器定位： find element(By.CSS_SELECTOR, "#id")

任务名称	知识和技能要求

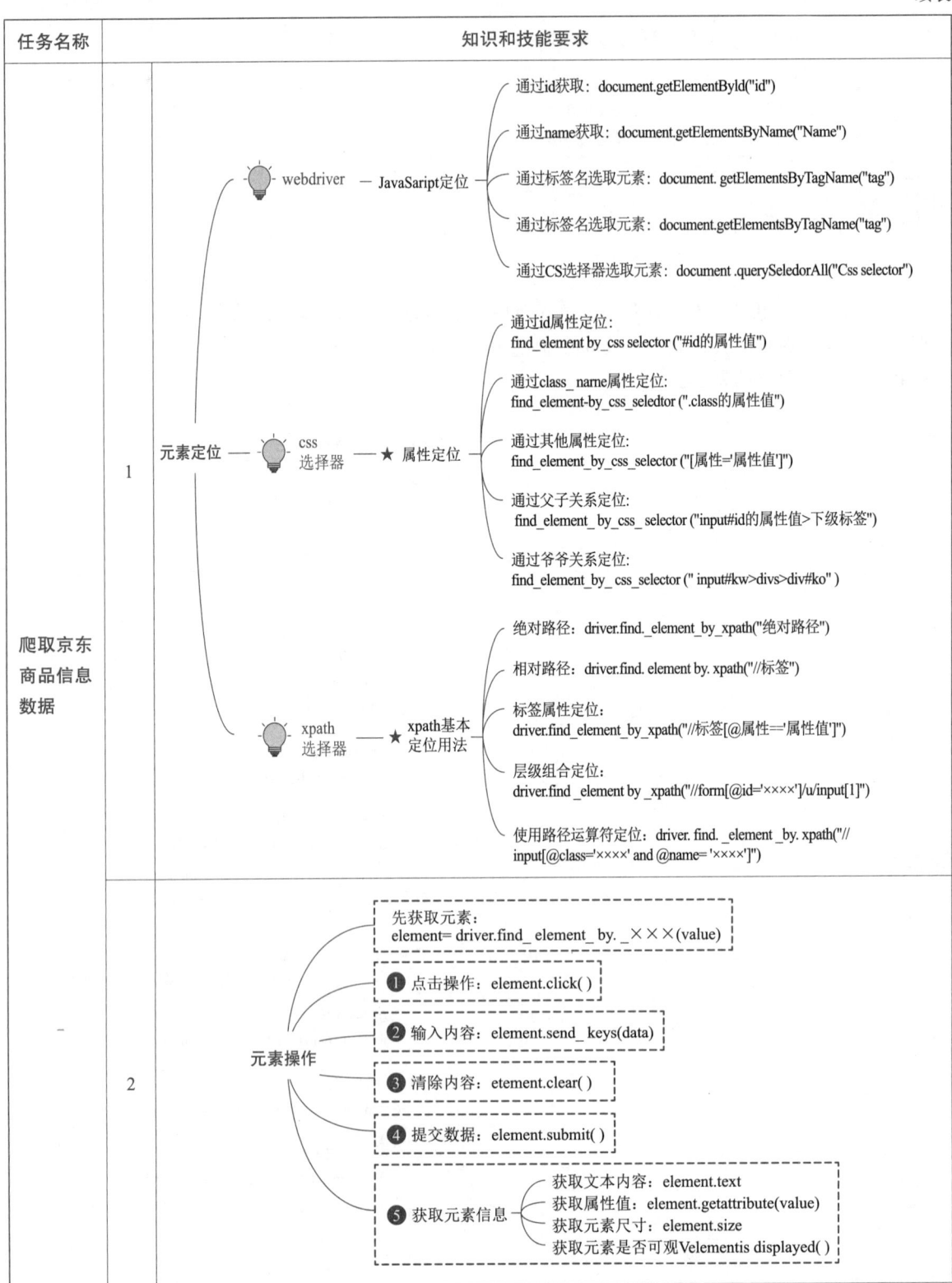

续表

任务名称		知识和技能要求
爬取京东商品信息数据	3 多标签切换	在页面操作过程中有时候点击某个链接会弹出新的窗口，这时就需要切换到新打开的窗口上进行操作。这种情况下，需要识别多标签或窗口的情况 ❶ switch_to.window()方法：切换窗口。可以实现在不同的窗口之间切换 ❷ current window_handle：获得当前窗口句柄 ❸ window_handles：获取所有窗口句柄
	4 多表单切换	应用场景 — ★ 在Web应用会遇到frame/iframe表单嵌套的应用，selenium的WebDriver只能在一个里面对元素操作及定位，对表单里的元素无法直接定位，此时需要切换到表单页面再进行定位 处理方法 ★ drivcr.switch_to.framc(namc)：通过iframc名字切换 ★ driver.switch_to.frame(index)：通过索引切换 ★ driver.switch_to.frame(webElement对象)：通过webElement对象切换，推荐 ★ driver.swilch_to.defaul_content()：切换到最外层
	5 cookie处理	★ driver.get_cookies()：获取所有的cookies ★ driver.get_cookie(name)：获取指定name的cookie ★ driver.delete_all_cookies()：清除所有的cookies ★ driver.delete_cookie(name)：清除指定name的cookie ★ driver.get_cookies()：获取所有的cookies

任务名称	知识和技能要求

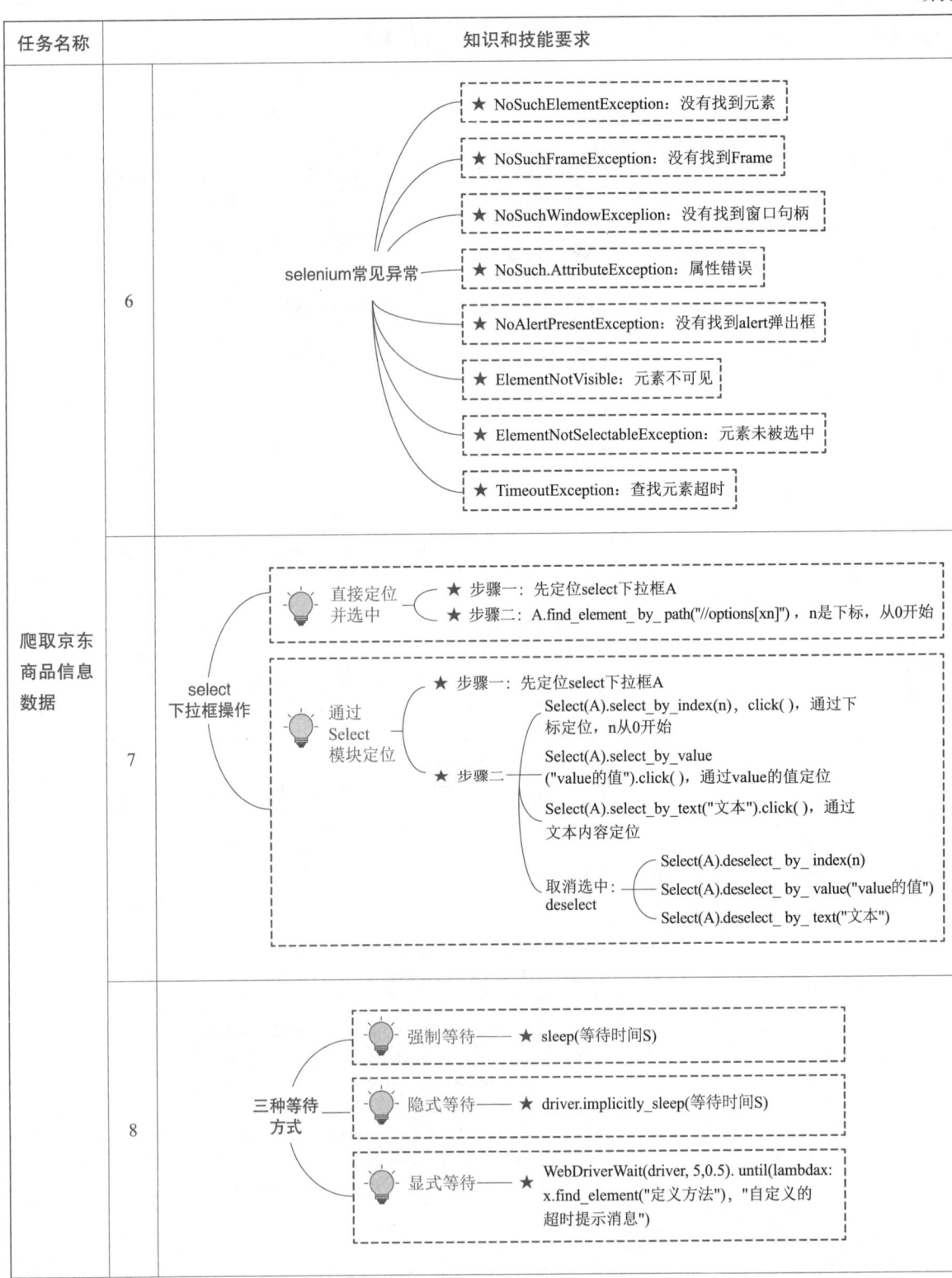

任务名称		知识和技能要求
爬取京东商品信息数据	9	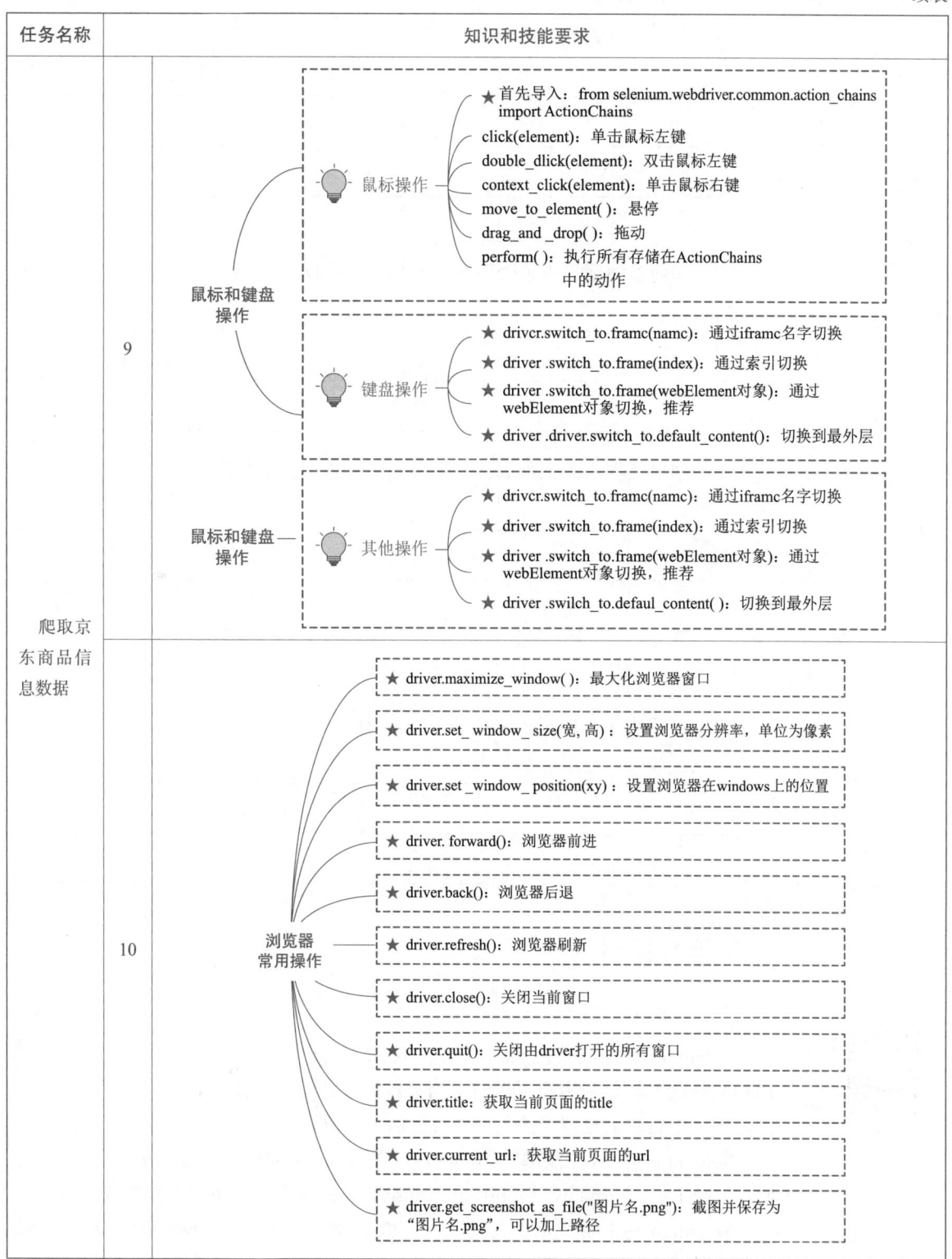
	10	

📝 **笔记栏**

2. 引导性问题

（1）什么是动态加载的数据？

_____

_____

_____

（2）如何检测网页中是否存在动态加载的数据？

_____

_____

_____

（3）如果数据为动态加载，如何捕获到动态加载的数据？

_____

_____

_____

3. 探究性问题

Python 爬虫中，Requests 和 Selenium 有什么区别？

_____

_____

_____

📖 **学习资料**

1. Selenium 简介

Selenium简介

Selenium 是最广泛使用的开源 Web UI（用户界面）的一个自动化的 Web 应用功能测试工具，利用它可以驱动浏览器执行特定的动作，如点击、下拉等操作，同时还可以获取浏览器当前呈现的页面的源代码。

Selenium 可以轻松部署在 Windows、Linux、Solaris 和 Macintosh 等平台上。它还支持 iOS、Windows Mobile 和 Android 等移动应用程序的操作系统（OS）。

Selenium 的主要特点是其开源性、跨平台性以及众多的编程语言支持，可以用 HTML 编写测试用例，也可以用 Python、Java、PHP 甚至 Linux Shell 来编写测试用例。Selenium 分为 Core 与 RC（Remote Control）两个部分，其中，Core 是基础的，直接在 HTML Table 里编写测试代码的模块，而 Remote Control 则支持用 Java 等语言编写测试用例。Selenium 还推出了新的 Remote Grid, 支持多任务并发，可以看成是多个 RC 的集合。同时，Selenium 也提供了一个脚本录制器 Selenium-IDE，该录制器是一个基于 Firefox 的插件，通过 Java Script 来实现对页面元素的控制，它提供了丰富的指定 HTML 页面元素和操作页面元素的方法。

　　完成上述学习资料的学习后，根据自己的学习情况进行归纳总结，并填写学习笔记（表 2-2-3）。

表 2-2-3　学习笔记

主题		
内容		问题与重点
总结		

2.　Selenium 的应用

1）Selenium类的导入方法

Selenium UI 类的导入方法如下：

- 导入 webdriver 模块方法：

```
from selenium import webdriver
```

- 导入动作链类，动作链可以储存鼠标的动作，并一起执行：

```
from selenium.webdriver import ActionChains
```

- 导入下拉框操作的 Select 类的方法：

```
from selenium.webdriver.support.select import Select
```

- 导入堆栈类的方法：

Selenium导入类的方法

笔记栏

```
import traceback
```

- 导入 By 类的方法：

```
from selenium.webdriver.common.by import By
```

- 导入显示等待类的方法：

```
from selenium.webdriver.support.ui import WebDriverWait
```

- 导入期望场景类的方法：

```
from selenium.webdriver.support import expected_conditions as EC
from selenium.common.exceptions import TimeoutException,
NoSuchElementException
rom selenium import webdriver
```

- 导入 Select 模块处理下拉框的方法：

```
from selenium.webdriver.support.ui import Select
```

- 导入 Keys 模拟键盘操作的方法：

```
from selenium.webdriver.common.keys import Keys
```

- 导入 ActionChains 模块模拟鼠标操作的方法：

```
from selenium.webdriver import ActionChains
```

- 导入显示等待与显示等待中的期待场景的方法：

系统时间：

```
from datetime import datetime
```

操作 Excel：

```
from openpyxl import load_workbook
```

sleep：

```
from time import *
```

2）声明浏览器对象并对浏览器进行操作

（1）创建一个浏览器对象。Selenium 中创建一个浏览器对象的语法为：

browser=webdriver.xxx( )

其中，xxx 为对应浏览器，例如 webdriver.Chrome(executable_path='./chromedriver')，其中 executable 参数指定的是下载好的 chromedriver 文件的路径，这样就完成了浏览器对象的初始化并将其赋值为 browser 对象。接下来，就可以调用 browser 对象，让其执行各个动作以模拟浏览器操作。

（2）浏览器的操作。Selenium 从 2.0 开始集成了 WebDriver 的 API，提供了更简单、更简洁的编程接口对浏览器进行一系列的操作，可以实现浏览器的关闭、

Selenium操作
浏览器

前进、后退、刷新页面、浏览器最大化、最小化等操作，Selenium 对浏览器的操作内容和方法见表 2-2-4。

 笔记栏

表 2-2-4　Selenium 实现浏览器的操作内容和方法

浏览器操作内容	操作代码
最大化	browser.maximize_window()
最小化	browser.minimize_window()
设置窗口大小	browser.set_window_size()
前进	browser.forword()
后退	browser.back()
刷新	browser.refresh()
访问被测网址	browser.get(url)
关闭浏览器当前窗口	browser.close()
关闭窗口并关闭浏览器驱动	browser.quit ()

知识应用练一练

创建一个浏览器对象，设置浏览器尺寸。实现代码如下：

```
# 导入 webdriver
from selenium import webdriver
# 创建一个浏览器对象
browser=webdriver.Chrome()
# 设置全屏
browser.maximize_window()
# 获取当前浏览器尺寸
size=browser.get_window_size()
print(size)
# 设置浏览器尺寸
browser.set_window_size(400, 400)
size=browser.get_window_size()
print(size)
# 获取浏览器位置
position=browser.get_window_position()
print(position)
# 设置浏览器位置
browser.set_window_position(100,200)
# 关闭浏览器
browser.quit()
```

```
browser.close()
```

📐 **知识应用练一练**

利用 get( ) 方法访问京东官网，打印出源代码，并关闭浏览器。实现代码如下：

```
from selenium import webdriver
browser=webdriver.Chrome()
browser.get('https://www.jd.com')
print(browser.page_source)
browser.close()
```

上述程序运行后，弹出了 Chrome 浏览器并且自动访问京东官网，输出京东主页面的源代码。

（3）操作测试对象。操作测试对象是在自动化测试中常用的一些方法，主要是对定位到的元素进行操作。操作测试对象的操作内容和方法见表 2-2-5。

表 2-2-5 操作测试对象

操作测试对象	操作代码	操作测试对象	操作代码
点击对象	click()	提交对象内容	submit()
模拟按键输入	send_keys()	获取元素文本信息	text()
清除对象内容	clear()		

（4）键盘事件。在操作测试对象中，send_keys() 中可以传递键盘事件，相当于按下一个特殊的按键，具体操作内容见表 2-2-6。

Selenium的键盘
和鼠标事件

表 2-2-6 键盘事件

键盘事件	操作代码
TAB	send_keys(Keys.TAB)
ENTER	send_keys(Keys.ENTER)
BackSpace	send_keys(Keys.BackSpace)
Space	send_keys(Keys.Space)
Esc	send_keys(Keys.Esc)
F1	send_keys(Keys.F1)
F12	send_keys(Keys.F12)
全选	send_keys(Keys.CONTROL,'a')
复制	send_keys(Keys.CONTROL, 'c')

续表　

键盘事件	操作代码
剪切	send_keys(Keys.CONTROL, 'x')
粘贴	send_keys(Keys.CONTROL, 'v')

知识应用练一练

在百度搜索框输入 selenium，复制粘贴到搜狗输入 框进行搜索。实现代码如下：

```
from selenium import webdriver
from selenium.webdriver.common.by import By
from selenium.webdriver.common.keys import Keys
from time import sleep
browser=webdriver.Chrome()
browser.get('http://www.baidu.com')
browser.maximize_window()
browser.find_element(By.ID,"kw").send_keys('selenium')
sleep(2)
browser.find_element(By.ID,"kw").send_keys(Keys.CONTROL, 'a')
# 全选
sleep(2)
browser.find_element(By.ID,"kw").send_keys(Keys.CONTROL, 'c')
# 复制
sleep(2)
browser.find_element(By.ID,"kw").send_keys(Keys.CONTROL, 'x')
# 剪切
sleep(2)
browser.get('http://www.sogou.com')
browser.find_element(By.ID,"query").send_keys(Keys.CONTROL, 'v')
# 粘贴
sleep(2)
browser.quit()
```

（5）鼠标事件。鼠标事件用于执行所有鼠标能够完成的操作，每个模拟事件后需加 .perform() 才会执行。鼠标事件操作见表 2-2-7。

笔记栏

表 2-2-7　鼠标事件

鼠标事件	操作代码
单击鼠标左键	click(on_element=None)
按住鼠标左键，不松开	click_and_hold(on_element=None)
单击鼠标右键	context_click(on_element=None)
双击鼠标左键	double_click(on_element=None)
拖动到某个元素然后松开	drag_and_drop(source, target)
拖动到某个坐标然后松开	drag_and_drop_by_offset(source, xoffset, yoffset)
鼠标指针从当前位置移动到某个坐标	move_by_offset(xoffset, yoffset)
鼠标指针移动到某个元素	move_to_element(to_element)
移动到距某个元素（左上角坐标）多少距离的位置	move_to_element_with_offset(to_element, xoffset, yoffset)

知识应用练一练

鼠标单击操作：ac.click(element).perform()。实现代码如下：

```
import time
from selenium import webdriver
from selenium.webdriver.common.by import By
from selenium.webdriver.common.action_chains import ActionChains
browser=webdriver.Chrome()
browser.get('http://www.baidu.com')
input_el=browser.find_element(By.ID,"kw").send_keys('python3')
ac=ActionChains(driver)
el=browser.find_element("id","su")
ac.click(el).perform( )
time.sleep(5)
print(browser.title)
```

知识应用练一练

元素单击操作，element.click()。实现代码如下：

```
import time
from selenium import webdriver
from selenium.webdriver.common.by import By
from selenium.webdriver.common.action_chains import ActionChains
```

```
browser=webdriver.Chrome()
browser.get('http://www.baidu.com')
input_el=browser.find_element(By.ID,"kw").send_keys('python3')
ac=ActionChains(driver)
el=browser.find_element("id","su")
el.click()
time.sleep(5)
print(browser.title)
```

知识应用练一练

移动操作（鼠标悬停），ac.move_to_element(element).perform()，将鼠标指针移动至右侧"设置"处，并单击"设置"。实现代码如下：

```
import time
from selenium import webdriver
from selenium.webdriver.common.by import By
from selenium.webdriver.common.action_chains import ActionChains
browser=webdriver.Chrome()
browser.get('http://www.baidu.com')
ac=ActionChains(driver)
el=browser.find_element('id','s-usersetting-top')
ac.move_to_element(el).perform()
time.sleep(5)
el.click()
```

知识应用练一练

用鼠标将某元素拖动到另一个元素的位置后松开。实现代码如下：

```
import time
from selenium import webdriver
from selenium.webdriver.common.by import By
from selenium.webdriver.common.action_chains import ActionChains
browser=webdriver.Chrome()
browser.get('http://www.baidu.com')
ac=ActionChains(driver)
el=browser.find_element('id','s-usersetting-top')
ac.move_to_element(el).perform()
time.sleep(5)
el.click()
```

（6）ActionChains 处理滚动条。Selenium 里面没有直接的方法去控制滚动条，这时候只能借助 Js 代码了，Selenium 提供了一个操作 js 的方法，execute_script( )，

笔记栏

可以直接执行 js 的脚本。其中滚动条回到顶部操作如下：

```
js="var q=document.getElementById('id').scrollTop=0"
brower.execute_script(js)
```

滚动条拉到底部操作如下：

```
browser.execute_script('window.scrollTo(0, document.body.
scrollHeight)')
```

有时候浏览器页面需要左右滚动（一般屏幕最大化后，左右滚动的情况已经很少见了）。通过左边控制横向和纵向滚动条 scrollTo(x, y)，具体操作如下：

```
js="window.scrollTo(100,400);"
browser.execute_script(js)
```

知识应用练一练

打开搜狐主页，将右侧的滚动条下拉到最底部，然后弹出 alert 提示框。实现代码如下：

```
from selenium import webdriver
browser=webdriver.Chrome()
browser.get('https://www.sohu.com')
browser.execute_script('window.scrollTo(0, document.body.
scrollHeight)')
browser.execute_script('alert("To Bottom")')el.click()
```

（7）窗口、框架切换。当打开多个网页时，利用窗口、框架切换方法可以切换显示网页，窗口的切换方法见表 2-2-8，框架切换方法见表 2-2-9。切换 alert() 提示框方法见表 2-2-10。

表 2-2-8　窗口切换方法

切换窗口	操作代码
获取打开的多个窗口句柄	browser.window_handles
切换到当前最新打开的窗口	browser.switch_to.window(windows[-1])
获取当前窗口句柄	browser.current_window_handle()

表 2-2-9　框架切换方法

框架切换	操作代码
用 frame 的 index 来定位，第一个是 0	browser.switch_to.frame(0)

续表  笔记栏

框架切换	操作代码
用 id 来定位	browser.switch_to.frame("frame1")
用 name 来定位	browser.switch_to.frame("myframe")
用 WebElement 对象来定位	browser.switch_to.frame(driver.find_element_by_tag_name("iframe"))

表 2-2-10　alert( ) 提示框切换方法

切换 alert() 提示框	操作代码
获取 alert	browser.switch_to.alert()
确定	browser.switch_to.alert.accept()
取消	browser.switch_to.alert.dismiss()
获取 alert 的内容	browser.switch_to.alert.getText()

知识应用练一练

定位到百度主页，在输入栏中输入"hello"，切换到百度翻译。实现代码如下：

```
from selenium import webdriver
browser=webdriver.Chrome()                    # 获取浏览器
browser.implicitly_wait(10)                   # 隐形等待,等待元素加载
browser.get('http://www.baidu.com')           # 访问 url 地址
elem=browser.find_element('id','kw')          # 元素定位
elem.send_keys('hello')                       # 输入
elem.submit()                                 # 提交
browser.find_element(By.PARTIAL_LINK_TEXT,'百度翻译').click()
print(browser.window_handles)                 # 获取所有窗口句柄
print(browser.current_window_handle)          # 获取当前窗口句柄
browser.switch_to.window(driver.window_handles[-1])
                                              # 切换至最新的窗口
time.sleep(2)
print(browser.current_window_handle)          # 获取当前窗口句柄
print(browser.title)                          # 打印浏览器标题
```

知识应用练一练

打开百度主页，单击"更多"打开新窗口，实现这两个窗口的切换。实现代码如下：

笔记栏

```
import time
from selenium import webdriver
from selenium.webdriver.common.by import By
browser=webdriver.Chrome()
browser.implicitly_wait(10)
browser.get('https://www.baidu.com/')
# 单击"更多"打开新窗口
browser.find_element(By.CSS_SELECTOR, '[name="tj_briicon"]').
click()
print(browser.title)
# 切换窗口
windows=browser.window_handles
browser.switch_to.window(windows[-1])
print(browser.title)
time.sleep(5)
browser.quit()
```

Selenium对
cookie的操作

（8）Selenium 操作 Cookie 的 API。通常可以使用 Cookie 绕过包含验证码的登录请求，但需要事先通过抓包等手段获取到 Cookie，Selenium 操作 Cookie 的方法见表 2-2-11。

表 2-2-11　Selenium 操作 Cookie 的方法

Cookie 操作	操作代码
获得所有 Cookie 信息	get_cookies()
添加 Cookie，必须有 name 和 value 值	add_cookie(cookie_dict)
返回指定 name 名称的 Cookie 信息	get_cookie(name)
删除特定 (部分) 的 Cookie 信息	delete_cookie(name)
删除所有 Cookie 信息	delete_all_cookies()

知识应用练一练

利用 Selenium 打开百度主页，获得并打印 Cookie 信息。实现代码如下：

```
from selenium import webdriver
browser=webdriver.Chrome()
browser.get("https://www.baidu.com")
cookie=browser.get_cookies()          # 获得 cookie 信息
print(cookie)                          # 将获得 cookie 的信息打印
browser.quit()
```

知识应用练一练

使用 Selenium 访问百度登录页面，通过手工登录账号，通过自动化获取到 cookies 信息，将登录后的 Cookies 信息保存保存为 json 格式。实现代码如下：

```
from selenium import webdriver
import time
import json
browser=webdriver.Chrome()
browser.implicitly_wait(10)
browser.get('https://www.baidu.com')
time.sleep(60)
# 将cookies信息保存为json格式
with open('cookies.json','w') as f:
    f.write(json.dumps(browser.get_cookies()))
browser.close()
```

（9）查找节点。Selenium 提供了通过 id、属性名、CSS 选择器、类名、标签名、XPath 选择器、定位可见文本与搜索值匹配的锚元素、定位其可见文本包含搜索值的锚元素等方式查找节点，具体方法见表 2-2-12。

表 2-2-12　查找节点的方法

定位节点的方法	方法的含义
browser.find_element(By.ID, "value")	通过 id 属性查找节点
browser.find_element(By.NAME, "value")	通过 name 属性查找节点
browser.find_element(CLASS_NAME, "value")	通过 Class 属性查找节点
browser.find_element(By.CSS_SELECTOR, "value")	通过 XPath 表达式查找节点
browser.find_elements(By.ID, "value")	通过 Name 属性查找多个节点
browser.find_elements(CLASS_NAME, "value")	通过 Class 属性查找多个节点
browser.find_elements(By.CSS_SELECTOR, "value")	通过 CSS 选择器查找多个节点
browser.find_elements(By.XPATH, "value")	通过 XPath 表达式查找多个节点

Selenium对页面
元素的定位

用 find_element() 方法，只能获取匹配的第一个节点，结果是 WebElement 类型。如果用 find_elements() 方法，则结果是列表类型，列表中的每个节点是 WebElement 类型。Selenium Python 提供了一种用于定位元素（Locate Element）的策略，用户可以根据所爬取网页的 HTML 结构选择最合适的方案。当定位多个元素时，只需将方法"element"加"s"，这些元素将会以一个列表的形式返回。

知识应用练一练

提取京东搜索框节点。实现代码如下：
打开京东官网，要观察它的源代码，如图 2-2-1 所示。

图 2-2-1　京东搜索框源代码

从代码中可以看出搜索框的 id 是 key, 可以利用 find_element( ) 方法, 根据 id、XPath、CSS 选择器等获取的方式获取搜索框节点, 具体代码如下:

```
from selenium import webdriver
from selenium.webdriver.common.by import By
browser=webdriver.Chrome()
browser.get('https://www.jd.com')
one=browser.find_element(By.ID, "key")
two=browser.find_element(By.CSS_SELECTOR, "#key")
three=browser.find_element(By.XPATH, '//*[@id="key"]')
print(one)
print(two)
print(three)
driver.close()
```

知识应用练一练

提取京东左侧导航条的所有条目。先打开京东主页, 查看主页左侧的导航栏如图 2-2-2 所示, 其代码如图 2-2-3 所示。

图 2-2-2　主页左侧的导航栏

```
▼<div class="grid_c1 fs_inner">
 ▼<div class="fs_col1">
  ▼<div id="J_cate" class="cate J_cate cate18" role="navigation" aria-label="左侧导航">
   ▼<ul class="JS_navCtn cate_menu"> == $0
    ▶<li class="cate_menu_item" data-index="1" clstag="h|keycount|h|keycount|head|category_01a">…</li>
    ▶<li class="cate_menu_item" data-index="2" clstag="h|keycount|h|keycount|head|category_02a">…</li>
    ▶<li class="cate_menu_item" data-index="3" clstag="h|keycount|h|keycount|head|category_03a">…</li>
    ▶<li class="cate_menu_item" data-index="4" clstag="h|keycount|h|keycount|head|category_04a">…</li>
    ▶<li class="cate_menu_item" data-index="5" clstag="h|keycount|h|keycount|head|category_05a">…</li>
    ▶<li class="cate_menu_item" data-index="6" clstag="h|keycount|h|keycount|head|category_06a">…</li>
    ▶<li class="cate_menu_item" data-index="7" clstag="h|keycount|h|keycount|head|category_07a">…</li>
    ▶<li class="cate_menu_item" data-index="8" clstag="h|keycount|h|keycount|head|category_08a">…</li>
    ▶<li class="cate_menu_item" data-index="9" clstag="h|keycount|h|keycount|head|category_09a">…</li>
    ▶<li class="cate_menu_item" data-index="10" clstag="h|keycount|h|keycount|head|category_10a">…</li>
    ▶<li class="cate_menu_item" data-index="11" clstag="h|keycount|h|keycount|head|category_11a">…</li>
    ▶<li class="cate_menu_item" data-index="12" clstag="h|keycount|h|keycount|head|category_12a">…</li>
    ▶<li class="cate_menu_item" data-index="13" clstag="h|keycount|h|keycount|head|category_13a">…</li>
```

图 2-2-3　左侧的导航栏的代码

实现代码如下：

```
from selenium import webdriver
browser=webdriver.Chrome()
browser.get('https://www.jd.com')
list=browser.find_element(By.CSS_SELECTOR, ".J_cate li")
print(list)
browser.close()
```

（10）标签对象提取文本内容和属性值。find_element 仅仅能够获取元素，不能够直接获取其中的数据，如果需要获取数据，具体方法见表 2-2-13。

表 2-2-13　标签对象提取文本内容和属性值

标签对象提取文本内容和属性值	操作代码
对定位到的标签对象进行点击操作	element.click()
对定位到的标签对象输入数据	element.send_keys(data)
通过定位获取的标签对象的 text 属性，获取文本内容	element.text
通过定位获取的标签对象	element.get_attribute(" 属性名 ")

知识应用练一练

提取百度中的"新闻"标签文字。首先查看百度首页（图 2-2-4）及首页代码（图 2-2-5）。

图 2-2-4　百度首页

笔记栏

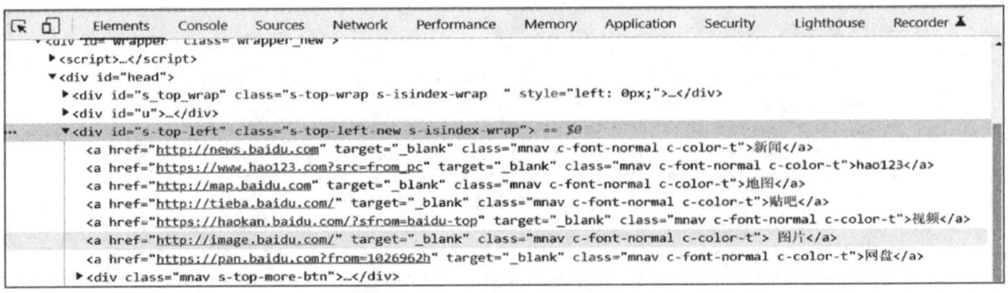

图 2-2-5　百度首页源代码

提取百度中的"新闻"标签文字实现代码如下：

```
import time
from selenium import webdriver
browser=webdriver.Chrome()
browser.get('https://www.baidu.com/')
ret=browser.find_element(By.XPATH, "//*[@id='s-top-left']/a").text
print(ret)
```

（11）延时等待。在 Selenium 中，get() 方法会在网页框架加载结束后结束执行，此时如果获取 page_source，可能并不是浏览器完全加载完成的页面，如果某些页面有额外的 Ajax 请求，我们在网页源代码中也不一定能成功获取到。所以，这里需要延时等待一定时间，确保节点已经加载出来。

①最直接普通的方式：设置固定的等待时间，如 Thread.sleep(1000)。

②显示等待方式 (Explicit Wait)：就是明确的要等待的元素在规定的时间之内都没找到，那么就抛出 Exception。这里等待的方式有两种：一种是隐式等待，一种是显式等待。当使用隐式等待执行测试的时候，如果 Selenium 没有在 DOM 中找到节点，将继续等待，超出设定时间后，则抛出找不到节点的异常。换句话说，当查找节点而节点并没有立即出现的时候，隐式等待将等待一段时间再查找 DOM，默认的时间是 0。关于等待条件，其实还有很多，比如判断标题内容、判断某个节点内是否出现了某文字等。表 2-2-14 列出了所有的等待条件。

表 2-2-14　等待条件及其含义

等待条件	含　义
title_is	标题是某内容
title_contains	标题包含某内容
presence_of_element_located	节点加载出，传入定位元组，如 (By.ID, 'p')
visibility_of_element_located	节点可见，传入定位元组
visibility_of	节点可见，传入节点对象
presence_of_all_elements_located	加载所有节点

等待条件	含　义
text_to_be_present_in_element	某个节点文本包含某文字
text_to_be_present_in_element_value	某个节点值包含某文字
frame_to_be_available_and_switch_to_it frame	加载并切换
invisibility_of_element_located	节点不可见
element_to_be_clickable	节点可点击
staleness_of	判断一个节点是否仍在 DOM, 可判断页面是否已经刷新
element_to_be_selected	节点可选择, 传节点对象
element_located_to_be_selected	节点可选择, 传入定位元组
element_selection_state_to_be	传入节点对象以及状态, 相等返回 True, 否则返回 False
element_located_selection_state_to_be	传入定位元组以及状态, 相等返回 True, 否则返回 False
alert_is_present	是否出现 Alert

（12）选项卡管理。在访问网页的时候，会开启一个个选项卡。在 Selenium 中，可通过 WebDriver 实现 HTML 页面中的单选按钮、复选框、下拉框的操作。

 知识应用练一练

在 Selenium 中，可通过 WebDriver 实现 HTML 页面中的单选框、复选框、下拉框的操作。HTML 页面代码如下：

Selenium管理
选项卡

```
<!DOCTYPE html>
<html>
    <head>
        <title>单选框 | 复选框 | 下拉框</title>
        <meta charset="utf-8">
    </head>
    <style>
        .box {
            width: 500px;
            height: 800px;
            margin: 20px auto;
            text-align: center;
        }
```

```
    </style>
    <body>
        <div class="box">
            </form>
            <h4>单选</h4>
            <form>
                <label value="radio">男</label>
                <input name="sex" value="male" id="boy"
type="radio"><br>
                <label value="radio1">女</label>
                <input name="sex" value="female" id="girl"
type="radio">
            </form>
            <h4>复选框</h4>
            <form>
                <input id="c1" type="checkbox">Java 语言 <br>
                <input id="c2" type="checkbox">Python 语言 <br>
                <input id="c3" type="checkbox">C++ 语言 <br>
            </form>
            <h4>下拉框</h4>
            <label>籍贯</label>
            <select name="site">
                <option value="0">北京</option>
                <option value="1">上海</option>
                <option value="2">深圳</option>
            </select>
        </div>
    </body>
</html>
```

在 Selenium 中，实现 HTML 页面中的单选框操作代码如下：

```
from selenium import webdriver
from time import sleep
from selenium.webdriver.common.by import By
driver=webdriver.Chrome()
driver.get('file:\\\C:\\Users\\admin\\Desktop\\test1\\test1.html')
driver.find_element(By.ID,"girl").click()
sleep(2)
driver.find_element(By.ID,"boy").click()
sleep(2)
```

```
driver.quit()
```

在 Selenium 中，通过 WebDriver 实现 HTML 页面中的复选框操作代码如下：

```
from selenium import webdriver
from time import sleep
from selenium.webdriver.common.by import By
driver=webdriver.Chrome()
driver.get('file:\\\C:\\Users\\admin\\Desktop\\test1\\test1.html')
driver.find_element(By.ID,"c1").click()
sleep(2)
driver.find_element(By.ID,"c2").click()
sleep(2)
driver.find_element(By.ID,"c3").click()
sleep(2)
driver.quit()
```

在 Selenium 中，可通过 WebDriver 实现 HTML 页面中的下拉框操作代码如下：

```
from selenium import webdriver
from time import sleep
from selenium.webdriver.common.by import By
driver=webdriver.Chrome()
driver.get('file:\\\C:\\Users\\admin\\Desktop\\test1\\test1.html')
driver.find_element(By.NAME,"site").click()
sleep(2)
driver.find_element(By.XPATH,"//option[@value='1']").click()
sleep(2)
driver.quit()
```

（13）模拟登录。使用 Selenium 驱动 Chrome 浏览器，访问登录首页，浏览器渲染页面后获取用户和密码输入框，使用 Selenium 自动输入用户名、密码，然后单击登录。最后使用 Selenium 自动完成滑块验证码的验证，完成自动化登录。下面举一个自动登录知乎首页的示例，知乎登录页面如图 2-2-6 所示。

Selenium实现
模拟登录

图 2-2-6 知乎登录页面

Python 爬虫与数据采集

笔记栏

查看图 2-2-6 所示的知乎首页"登录"按钮对应的 HTML 源代码，如图 2-2-7 所示。

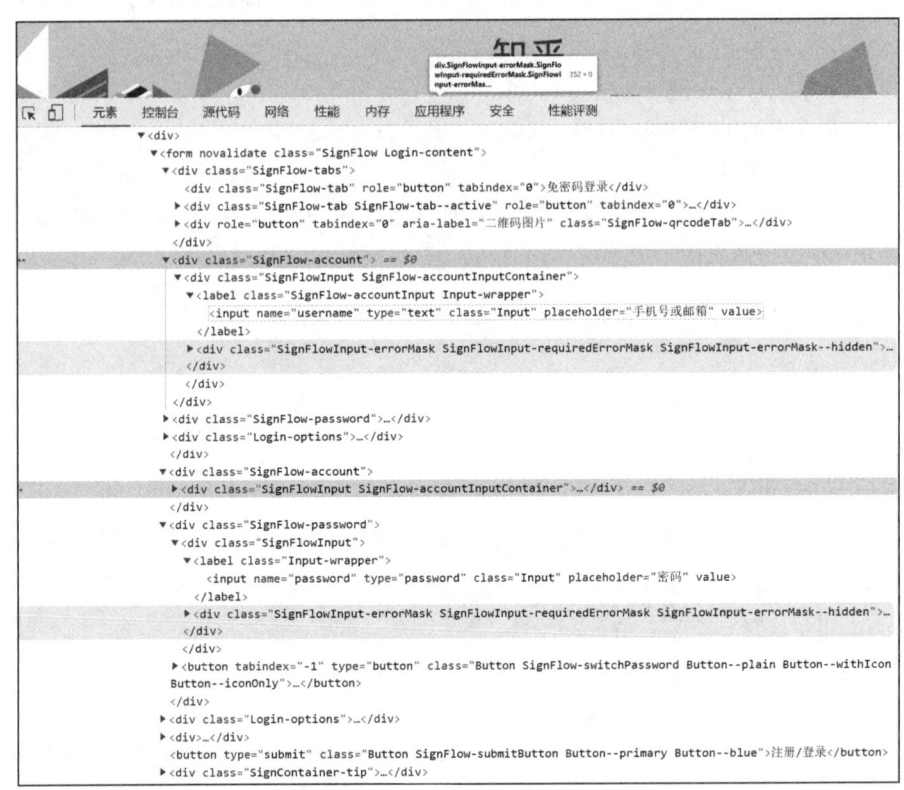

图 2-2-7 知乎登录页源代码

实现模拟登录的代码如下：

```
from selenium import webdriver
from time import sleep
from selenium.webdriver.common.by import By
browser=webdriver.Chrome()
browser.get('https://www.zhihu.com/signin?next=%2F')
name=browser.find_element(By.NAME,"username")
name.send_keys("13800138000")
sleep(2)
pwd=browser.find_element(By.NAME,"digits")
pwd.send_keys("666666")
sleep(2)
denglu=driver.find_element(By.NAME,"NECaptchaValidate")
denglu.click()
sleep(2)
driver.quit()
```

　　完成上述学习资料的学习后，根据自己的学习情况进行归纳总结，并填写学
习笔记（表 2-2-15）。

表 2-2-15　学习笔记

主题		
内容		问题与重点
总结		

任务实施

利用 Selenium 爬取京东商品信息数据的实施过程见表 2-2-16。

表 2-2-16　利用 Selenium 爬取京东商品信息数据的实施过程

按照任务实施步骤完成任务的实施，具体的步骤为：导入模块→创建浏览器对象→定义搜索函数，实现在京东页面搜索框进行自动搜索→定义翻页函数，实现翻页→保存数据→定义主函数，调用主函数，完成数据的爬取。本任务的实施以 Windows 64 位系统为例进行爬虫环境的搭建，具体的实施过程如下：		

（1）导入模块	导入项目实现所需要的模块：
	
	``python
	from selenium import webdriver
	from selenium.webdriver.common.by import By
	from selenium.webdriver.support.ui import WebDriverWait
	from selenium.webdriver.support import expected_conditions as EC
	from selenium.common.exceptions import TimeoutException
	from pyquery import PyQuery as pq
	import json
	import re
	import time
	import os
	import csv
	``

 笔记栏

续表

（2）创建浏览器对象	创建浏览器对象：
	
	``python
	browser=webdriver.Chrome() # 创建浏览器对象
	browser.maximize_window() # 将窗口最大化
	wait=WebDriverWait(browser, 10)
	``

（3）定义搜索函数，实现在京东页面搜索框进行自动搜索	打开京东主页，如图 2-2-8 所示。

	图 2-2-8　京东主页
	
	按【F12】键，获取输入框的标签，如图 2-2-9 所示。
	
	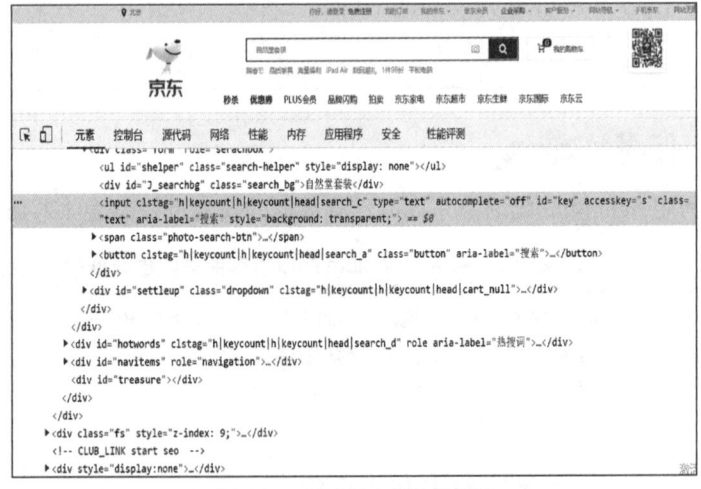
	
	图 2-2-9　京东输入框的源代码
	
	定义函数，实现自动搜索，代码如下：
	
	``python
	def search():
	    browser.get("https://www.jd.com/")
	    input=wait.until(
	        EC.presence_of_element_located((By.CSS_SELECTOR,
	"#key")) # 获取输入框)
	    submit=wait.until(
	        EC.element_to_be_clickable((By.CSS_SELECTOR,
	"#search > div > div.form > button > i")) # 获取搜索按钮)
	``

（3）定义搜索函数，实现在京东页面搜索框进行自动搜索	``` input.send_keys(" 笔记本电脑 ") submit.click() ```

（4）定义解析页面函数，实现页面解析	按【F12】键，获取搜索结果页面的源代码，如图 2-2-10 所示。 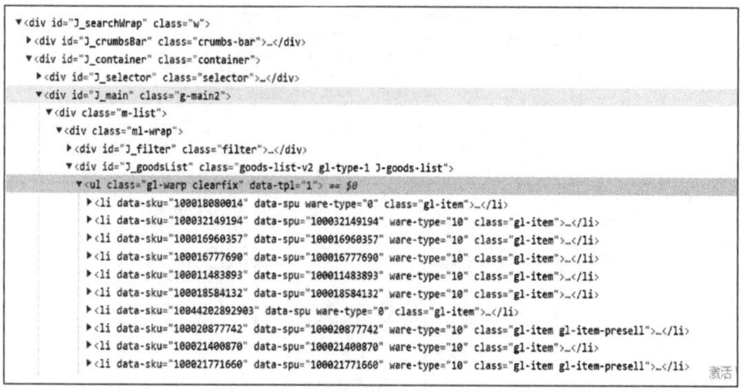
	
	图 2-2-10　搜索结果页面源代码
	
	``python
	def jiexi_page():
	    wait.until(
	                EC.presence_of_element_located((By.CSS_
	SELECTOR,"#J_searchWrap .gl-item"))) # 判断是否加载成功
	    html=browser.page_source
	    doc=pq(html)
	    items=doc("#J_searchWrap .gl-item").items() # 遍历
	    for item in items:
	        product={
	            'name':item.find(".p-name.p-name-type-2").
	text().replace("\n",""),
	            'price':item.find(".p-price").text()[1:].
	replace("\n",""),
	            ' 评价 ':item.find(".p-commit").text()[:-3],
	            'shop':item.find(".p-shop").text()
	        }
	        product_list=list(product.values())
	        print(product_list)
	        write_to_file(product_list)
	``
	
	找到翻页界面如图 2-2-11 所示。 

	图 2-2-11　商品翻页界面

 笔记栏

续表

翻页的源代码如图 2-2-12 所示。

```
<div class="m-list">
 ▼<div class="ml-wrap">
  ▶<div id="J_filter" class="filter">…</div>
  ▶<div id="J_goodsList" class="goods-list-v2 gl-type-1 J-goods-list">…</div>
  ▼<div class="page clearfix"> == $0
   ▼<div id="J_bottomPage" class="p-wrap">
    ▼<span class="p-num">
     ▶<a class="pn-prev disabled">…</a>
      <a href="javascript:;" class="curr">1</a>
      <a onclick="SEARCH.page(3, true)" href="javascript:;">2</a>
      <a onclick="SEARCH.page(5, true)" href="javascript:;">3</a>
      <a onclick="SEARCH.page(7, true)" href="javascript:;">4</a>
      <a onclick="SEARCH.page(9, true)" href="javascript:;">5</a>
      <a onclick="SEARCH.page(11, true)" href="javascript:;">6</a>
      <a onclick="SEARCH.page(13, true)" href="javascript:;">7</a>
      <b class="pn-break">…</b>
     ▼<a class="pn-next" onclick="SEARCH.page(3, true)" href="javascript:;" title="使用方向键右键也可翻到下一页哦！">
       <em>下一页</em>
       <i>></i>
```

图 2-2-12　翻页源代码

（4）定义翻页函数，实现翻页

定义函数完成翻页：

```
def next_page(page_number)
    input=wait.until(
            EC.presence_of_element_located((By.CSS_SELEC-
TOR, "#J_bottomPage > span.p-skip > input"))    # 找到输入页码按钮
    )
    submit=wait.until(
            EC.element_to_be_clickable((By.CSS_SELECTOR,
"#J_bottomPage > span.p-skip > a"))    # 找到确认按钮
    )
    input.clear()
    input.send_keys(page_number)
    submit.click()
    jiexi_page()
    EC.text_to_be_present_in_element((By.CSS_SELECTOR,"#J_
bottomPage > span.p-num > a.curr"),str(page_number)))
```

（5）保存数据

定义函数，保存爬取的数据：

```
def write_to_file(content):
    f=open('京东商品.csv', 'a', encoding='utf-8', new-
line='')
    writer=csv.writer(f)
    writer.writerow(content)
```

（6）定义主函数，调用主函数，完成数据的爬取

定义主函数：

```
def main():
    search()
    time.sleep(1)
    next_page(1)
    for i in range(2,101):
        next_page(i)
        time.sleep(2)
if __name__=="__main__":
    main()
```

任务评价

上述任务完成后，填写表 2-2-17，对知识点掌握情况进行自我评价，并进行学习总结。

表 2-2-17　自我评价、总结表

任务 1	利用 Selenium 爬取京东商品信息自我测评与总结		
考核项目	任务知识点	自我评价	学习总结
Selenium	自动化测试是什么	□ 没有掌握 □ 基本掌握 □ 完全掌握	
	Selenium 的元素定位	□ 没有掌握 □ 基本掌握 □ 完全掌握	
	Selenium 的浏览器控制	□ 没有掌握 □ 基本掌握 □ 完全掌握	
	Selenium 的 iframe 切换	□ 没有掌握 □ 基本掌握 □ 完全掌握	
	Selenium 的多标签页切换	□ 没有掌握 □ 基本掌握 □ 完全掌握	
	Selenium 的鼠标和键盘事件	□ 没有掌握 □ 基本掌握 □ 完全掌握	
	Selenium 的其他操作	□ 没有掌握 □ 基本掌握 □ 完全掌握	

本任务结束后，填写表 2-2-18 进行小组评价、教师评价，并反馈学习、实践中存在的问题。

表 2-2-18　任务评价表

任务 1	利用 Selenium 爬取京东商品信息数据			
序号	检查项目	检查标准	小组评价	教师评价
1	Selenium 的元素定位	• 能否根据 id 定位 • 能否根据 name 定位 • 能否通过 class name 定位 • 能否根据 tag 定位		

Python 爬虫与数据采集

笔记栏

续表

序号	检查项目	检查标准	小组评价	教师评价
1	Selenium 的元素定位	• 能否通过 link text 定位 • 能否通过 partial link text 定位 • 能否根据 XPath 定位 • 能否通过 id 选择器、class 选择器、标签选择器、属性选择器、直接在浏览器复制等 css selector 定位 • 能否进行定位方法的使用		
2	Selenium 的浏览器控制	• 是否设置浏览器的大小 • 能否设置浏览器全屏显示 • 能否设置浏览器前进 • 能否设置浏览器后退 • 能否设置浏览器刷新 • 能否关闭浏览器连接		
3	Selenium 的 iframe 切换	• 什么是 iframe • 切到 iframe 页面的常用方法有哪些 • 如何判断当前页面有几个 iframe • 是否掌握 Selenium 之 iframe 切换		
4	Selenium 的多标签页切换	• 获取所有标签页的句柄的方法有哪些 • 利用窗口句柄切换到句柄指向的标签页 • 利用 Selenium 实现浏览器页面的切换		
5	Selenium 的鼠标和键盘事件	• 常用的鼠标事件 • 常用的键盘事件		
6	Selenium 的其他操作	• 是否掌握 Selenium 之其他操作方法		

检查评价	班　级		第　组	组长签字	
	教师签字		日　期		
	评语：				

项目三
利用爬虫框架 Scrapy 爬虫

为了完成本项目的学习，请先阅读下面学习性工作任务单（表 3-1-1）。

表 3-1-1　学习性工作任务单

项目 学习 目标	• 能安装 Scrapy 框架的 lxml、pyOpenSSL、Twisted、PyWin32 等依赖。 • 能够新建 Scrapy 项目，并生成爬虫类。 • 能够使用 Scrapy 框架设计爬取数据的数据结构。 • 能够使用 header 模拟浏览器访问页面。 • 能够结合 Scrapy 框架，使用 XPath 从页面中爬取想要的数据。 • 能够实现多页数据的自动爬取。 • 能够使用 Scrapy 框架实现数据持久化存储
项目 描述	分析 http://fund.eastmoney.com/allfund.html 网页，并对所需要的数据进行定位，利用 Scrapy 框架爬取进行信息，将基金信息数据保存到 csv 文件中
任务 1	搭建爬虫框架 Scrapy 爬虫环境
任务 2	利用 Scrapy 框架制作 spiders 爬取网页数据
项目 验收 标准	• 准确通过 Scrapy 框架爬取网页数据； • 能解析网页； • 能保存网页数据

任务 1　安装 Scrapy 框架

任务分析

对安装 Scrapy 框架任务进行任务分析（见表 3-1-2）。

表 3-1-2　任务分析

任务 1	安装 Scrapy 框架	学时	4
典型工作过 程描述	安装 lxml →安装 pyOpenSSL →安装 Twisted →安装 PyWin32 →安装 Scrapy 框架 →检验是否安装成功		

笔记栏

📝 **笔记栏**

任务 1	安装 Scrapy 框架	学时	4
任务目标	根据利用 Scrapy 框架进行爬虫所需要搭建爬虫环境		
任务描述	了解利用 Scrapy 框架进行爬虫的环境，主要是完成下列模块的安装： • 下载并安装 lxml。 • 下载并安装 pyOpenSSL。 • 下载并安装 Twisted。 • 下载并安装 PyWin32。 • 下载并安装 Scrapy 框架 重点：安装 Scrapy 框架。 难点：安装 Scrapy 框架爬虫的依赖		
工作思路	执行流程：安装 lxml →安装 pyOpenSSL →安装 Twisted →安装 PyWin32 →安装 Scrapy 框架→检验是否安装成功。 设计过程：先下载软件包，进行软件包的安装，最后验证软件是否安装成功。		
任务要求	学会搭建 Scrapy 框架爬虫所需要的环境。 • 掌握 Scrapy 框架爬虫软件环境要求。 • 安装 lxml。 • 安装 pyOpenSSL。 • 安装 Twisted。 • 安装 PyWin32。 • 安装 Scrapy 框架。 • 检验是否安装成功		

👥 **导　学**

1. 任务导学

为了完成利用 Scrapy 框架进行爬虫，需要搭建爬虫环境，请先按照导学信息进行相关知识点的学习，掌握一定的操作技能，然后进行任务的实施，并对实施的效果进行评价。本任务知识和技能的导学单见表 3-1-3。

表 3-1-3　安装 Scrapy 框架导学单

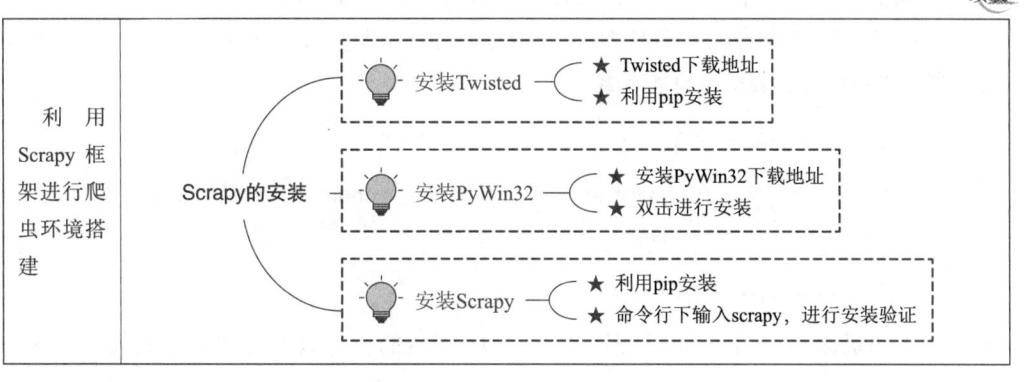

2. 引导性问题

（1）Scrapy 框架需要安装哪些依赖？

_____

_____

_____

（2）如何测试 Scrapy 框架是否安装成功？

_____

_____

_____

3. 探究性问题

（1）本次是在 Windows 下搭建环境的，那么如何在 Linux 下搭建环境？

_____

_____

_____

（2）请整理出环境搭建过程中出现的问题。

_____

_____

_____

学习资料

Scrapy 的安装。Scrapy 是用纯 Python 实现一个为爬取网站数据、提取结构性

笔记栏

数据而编写的应用框架，用户只需要定制开发几个模块就可以轻松实现一个爬虫，用来抓取网页内容以及各种图片。Scrapy 框架软件包可以从 Scrapy 官网、官方文档、PyPI、GitHub 等地址下载。

1. Anaconda 安装

如果已经安装好了 Anaconda，那么可以通过 conda 命令安装 Scrapy，具体如下：

```
conda install Scrapy
```

2. Windows 下的安装

如果你的 Python 不是使用 Anaconda 安装的，可以参考如下方式来一步步安装 Scrapy。

（1）安装 lxml。lxml 的安装过程在前面已经介绍，在这里不再介绍其安装方法。

（2）安装 pyOpenSSL。在官方网站下载 wheel 文件，如图 3-1-1 所示。

Scrapy的安装

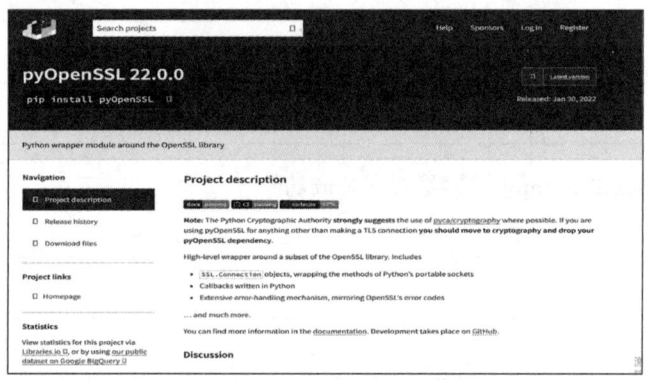

图 3-1-1　pyOpenSSL 下载界面

下载后利用 pip 安装即可：

```
pip install pyOpenSSL-22.0.0-py2.py3-none-any.whl
```

（3）安装 Twisted。在网站 https://www.lfd.uci.edu/～gohlke/pythonlibs/#twisted 下载 wheel 文件即可，如图 3-1-2 所示。

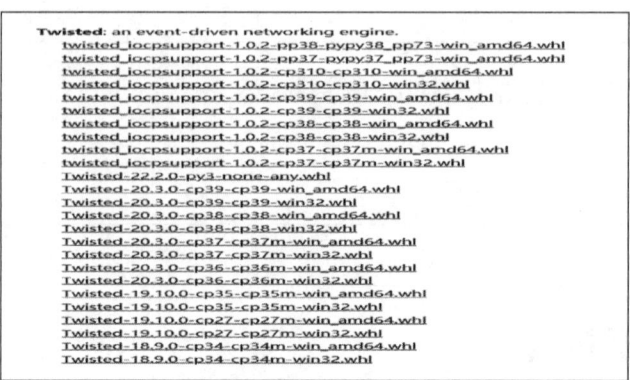

图 3-1-2　Twisted 下载页面

对于 Python 3.7 版本、Windows 64 位系统，选择 Twisted-20.3.0-cp37-cp37m-win_amd64.whl 直接下载，然后通过 pip 安装：

```
pip install Twisted-20.3.0-cp37-cp37m-win_amd64.whl
```

（4）安装 PyWin32。从官方网站下载对应版本的安装包，如图 3-1-3 所示。

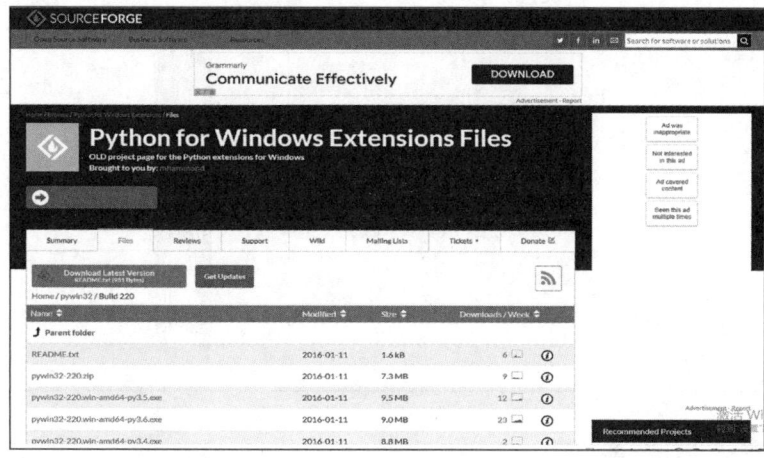

图 3-1-3　PyWin32 下载页面

比如对于 Python 3.7 版本，可以选择下载 pywin32-221.win-amd64-py3.7.exe，下载完毕之后双击安装即可。

（5）安装 Scrapy。安装好了以上的依赖库后，安装 Scrapy 就非常简单，这里依然使用 pip，命令如下：

```
pip install Scrapy
```

等待命令结束，如果没有报错，就证明 Scrapy 已经安装好。

（6）验证安装。安装之后，在命令行下输入 scrapy，如果出现类似图 3-1-4 所示的结果，就证明 Scrapy 安装成功。

```
Microsoft Windows [版本 10.0.17763.1577]
(c) 2018 Microsoft Corporation. 保留所有权利。

C:\Users\admin>scrapy
Scrapy 2.6.1 - no active project

Usage:
  scrapy <command> [options] [args]

Available commands:
  bench         Run quick benchmark test
  commands
  fetch         Fetch a URL using the Scrapy downloader
  genspider     Generate new spider using pre-defined templates
  runspider     Run a self-contained spider (without creating a project)
  settings      Get settings values
  shell         Interactive scraping console
  startproject  Create new project
  version       Print Scrapy version
  view          Open URL in browser, as seen by Scrapy

  [ more ]      More commands available when run from project directory

Use "scrapy <command> -h" to see more info about a command
```

图 3-1-4　验证 Scrapy 是否安装成功

完成上述学习资料的学习后，根据自己的学习情况进行归纳总结，并填写学习笔记（表 3-1-4）。

笔记栏

表 3-1-4　学习笔记

主题			
内容		问题与重点	
总结			

任务实施

安装 Scrapy 框架爬虫环境的实施过程见表 3-1-5。

表 3-1-5　安装 Scrapy 框架爬虫环境的实施过程

按照任务实施步骤完成任务的实施，具体的步骤为：安装 lxml →安装 pyOpenSSL →安装 Twisted →安装 PyWin32 →安装 Scrapy 框架→检验是否安装成功。本任务的实施以 Windows 64 位系统为例进行爬虫环境的搭建，具体的实施过程如下：	
（1）安装 lxml	从 PyPI 网站下载 lxml 软件包，下载界面如图 3-1-5 所示。 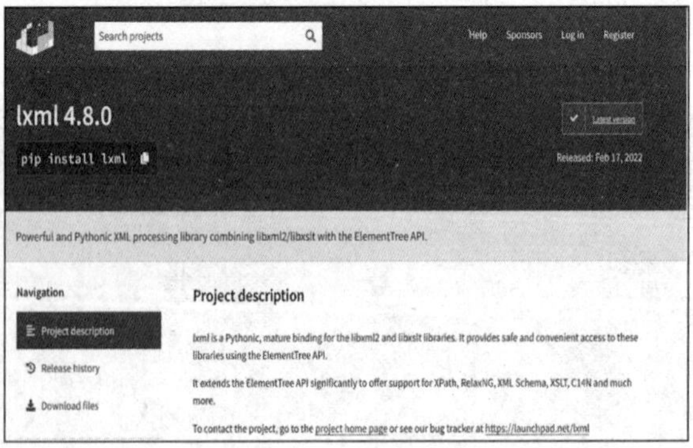 图 3-1-5　lxml 下载界面 下载 lxml-4.8.0-cp36-cp36m-win_amd64.whl 软件包，如图 3-1-6 所示。 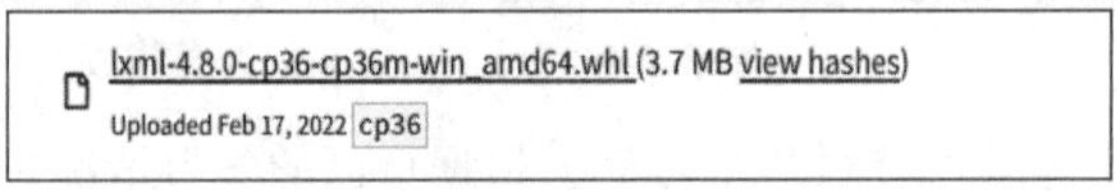 图 3-1-6　lxml 软件包类型

（1）安装 lxml	从命令行界面进入 wheel 文件目录，利用 pip 执行 pip install lxml-4.8.0-cp36-cp36m-win_amd64.whl 命令，安装 lxml 软件包，如图 3-1-7 所示。 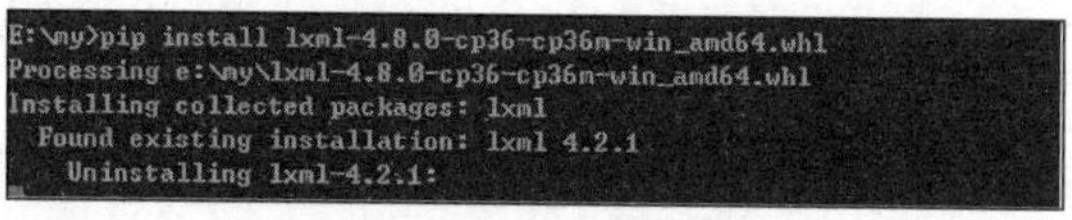
	
	`E:\my>pip install lxml-4.8.0-cp36-cp36m-win_amd64.whl`
	`Processing e:\my\lxml-4.8.0-cp36-cp36m-win_amd64.whl`
	`Installing collected packages: lxml`
	`  Found existing installation: lxml 4.2.1`
	`    Uninstalling lxml-4.2.1:`
	
	图 3-1-7　lxml 安装过程
	
	进入 Python3 的命令行模式，然后输入 import lxml 命令，如果没有错误提示，就证明已经成功安装了 lxml，如图 3-1-8 所示。
	
	`>>> import lxml`
	`>>>`
	
	图 3-1-8　验证 lxml 是否安装成功

（2）安装 pyOpenSSL	从 PyPI 网站下载 pyOpenSSL 软件包，下载界面如图 3-1-9 所示。 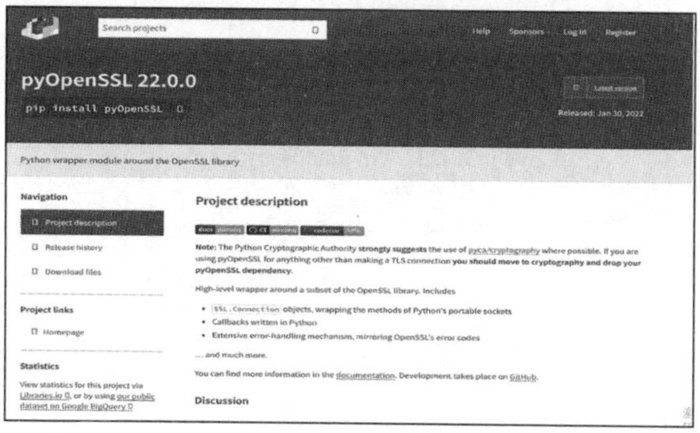 图 3-1-9　pyOpenSSL 下载界面 下载后，在命令行界面进入 wheel 文件目录，利用 pip 执行 pip install pyOpenSSL-22.0.0-py2.py3-none-any.whl 命令，安装 pyOpenSSL 软件包。
（3）安装 Twisted	从 Twisted 网站下载 Twisted 软件包，下载界面如图 3-1-10 所示。 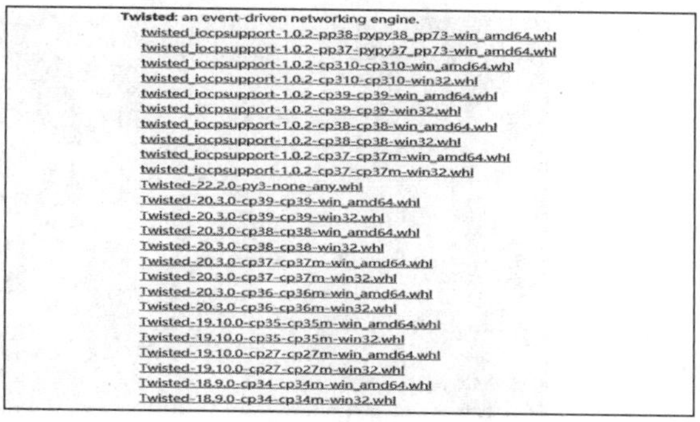 图 3-1-10　Twisted 下载界面 对于 Python 3.7 版本、Windows 64 位系统，选择 Twisted-20.3.0-cp37-cp37m-win_amd64.whl 直接下载，在命令行界面进入 wheel 文件目录，利用 pip 执行 pip install Twisted-20.3.0-cp37-cp37m-win_amd64.whl 命令，安装 Twisted 软件包。

 笔记栏

（4）安装 PyWin32	PyWin 32 的下载界面如图 3-1-11 所示。 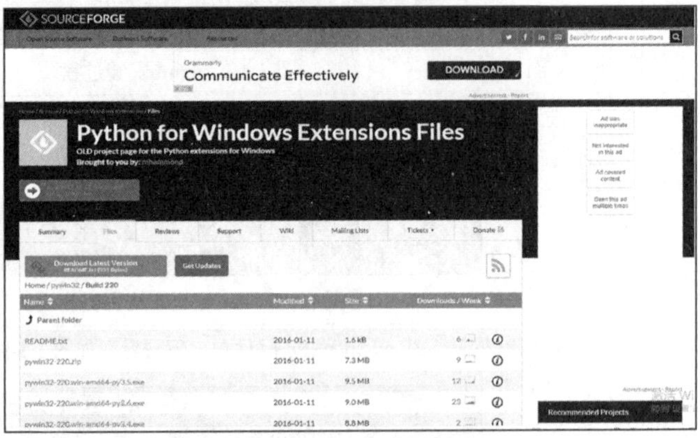 图 3-1-11　PyWin32 下载界面 下载 pywin32-221.win-amd64-py3.7.exe，下载完毕之后双击安装即可。
（5）安装 Scrapy	利用 pip 执行 pip install Scrapy，等待命令结束，如果没有报错，就证明 Scrapy 已经安装好。 　安装之后，在命令行下输入 scrapy，如果出现类似如图 3-1-12 所示的结果，就证明 Scrapy 安装成功。 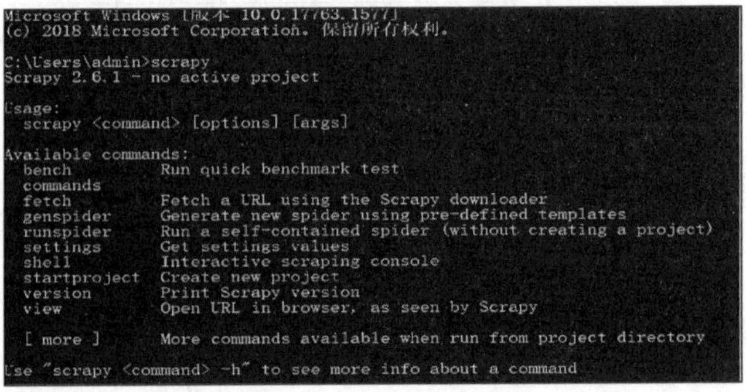 图 3-1-12　验证 Scrapy 是否安装成功

任务评价

上述任务完成后，填写表 3-1-6，对知识点掌握情况进行自我评价，并进行学习总结。

表 3-1-6 任务 1 自我评价、总结表

任务 1 安装 Scrapy 框架自我测评与总结			
考核项目	任务知识点	自我评价	学习总结
安装 Scrapy 框架	下载 lxml	□ 没有掌握 □ 基本掌握 □ 完全掌握	
安装 Scrapy 框架	安装 lxml	□ 没有掌握 □ 基本掌握 □ 完全掌握	
	下载 pyOpenSSL	□ 没有掌握 □ 基本掌握 □ 完全掌握	
	安装 pyOpenSSL	□ 没有掌握 □ 基本掌握 □ 完全掌握	
	下载 Twisted	□ 没有掌握 □ 基本掌握 □ 完全掌握	
	安装 Twisted	□ 没有掌握 □ 基本掌握 □ 完全掌握	
	下载 PyWin32	□ 没有掌握 □ 基本掌握 □ 完全掌握	
	安装 PyWin32	□ 没有掌握 □ 基本掌握 □ 完全掌握	
	安装 Scrapy	□ 没有掌握 □ 基本掌握 □ 完全掌握	
	验证 Scrapy 是否安装成功	□ 没有掌握 □ 基本掌握 □ 完全掌握	

本任务结束后，填写表 3-1-7 进行小组评价、教师评价并反馈学习、实践中存在的问题。

表 3-1-7　任务评价表

任务 1		安装 Scrapy 框架爬虫环境			
序号	检查项目	检查标准		小组评价	教师评价
1	安装 lxml	• 是否能自行完成 lxml 包的下载 • 是否成功完成 lxml 包的安装 • 掌握检查 lxml 是否安装成功的方法			
2	安装 pyOpenSSL	• 是否能自行完成 pyOpenSSL 包的下载 • 是否成功完成 pyOpenSSL 包的安装 • 掌握检查 pyOpenSSL 是否安装成功的方法			
3	安装 Twisted	• 是否能自行完成 Twisted 包的下载 • 是否成功完成 Twisted 包的安装 • 掌握检查 Twisted 是否安装成功的方法			
4	安装 PyWin32	• 是否能自行完成 PyWin32 包的下载 • 是否成功完成 PyWin32 包的安装 • 掌握检查 PyWin32 是否安装成功的方法			
5	安装 Scrapy	• 是否成功完成 Scrapy 包的安装 • 掌握检查 Scrapy 是否安装成功的方法			
检查 评价	班　　级		第　组	组长签字	
	教师签字		日　期		
	评语：				

任务 2　利用 Scrapy 框架制作 Spiders 爬取网页数据

任务分析

用 Scrapy 框架制作 Spiders 爬取网页数据任务的任务分析见表 3-2-1。

表 3-2-1　任务分析

任务 2	利用 Scrapy 框架制作 Spiders 爬取网页数据	学时	4
典型工作过程描述	分析网站→数据定位→发送请求并获取网站 HTML 代码→爬取天天基金网的基金数据→保存到本地的 CSV 文件中。		
任务目标	本任务要求使用 Scrapy 框架爬取天天基金网的基金信息，具体要达到如下： • 能够使用 Chorme 等浏览器开发者工具分析网站、数据定位； • 能够使用 Scrapy 框架爬取基金信息； • 能够保存基金信息数据		
任务描述	分析 http://fund.eastmoney.com/allfund.html 网页，并分析所需要的数据进行定位，利用 Scrapy 框架爬取进行信息： • 了解如何查看网页 HTML 源码并查找抓取规律； • 利用 Scrapy 框架建立爬虫项目； • 爬取基金数据； • 保存基金信息数据 难点：利用 Scrapy 框架建立爬虫项目获取基金信息数据		
工作思路	• 执行流程：分析网站→数据定位→发送请求并获取网站 HTML 代码→获取爬取天天基金网的基金数据→保存到本地的 CSV 文件。 • 设计过程：分析网站→数据定位→发送请求并获取网站 HTML 代码→获取爬取天天基金网的基金数据→保存到本地的 CSV 文件		
任务要求	完成本任务后，您将能够： • 了解如何查看网页 HTML 源码并查找抓取规律； • 掌握 Scrapy 框架的使用方法，能利用该框架获取爬取天天基金网的基金数据		

导　学

1. 任务导学

为了完成 Scrapy 框架爬虫环境的搭建，请先按照导读信息进行相关知识点的学习，掌握一定的操作技能，然后进行任务的实施，并对实施的效果进行评价。本任务知识和技能的导学单见表 3-2-2。

表 3-2-2　Scrapy 框架爬虫环境搭建导学

任务名称	知识和技能要求
Scrapy 框架爬虫环境搭建	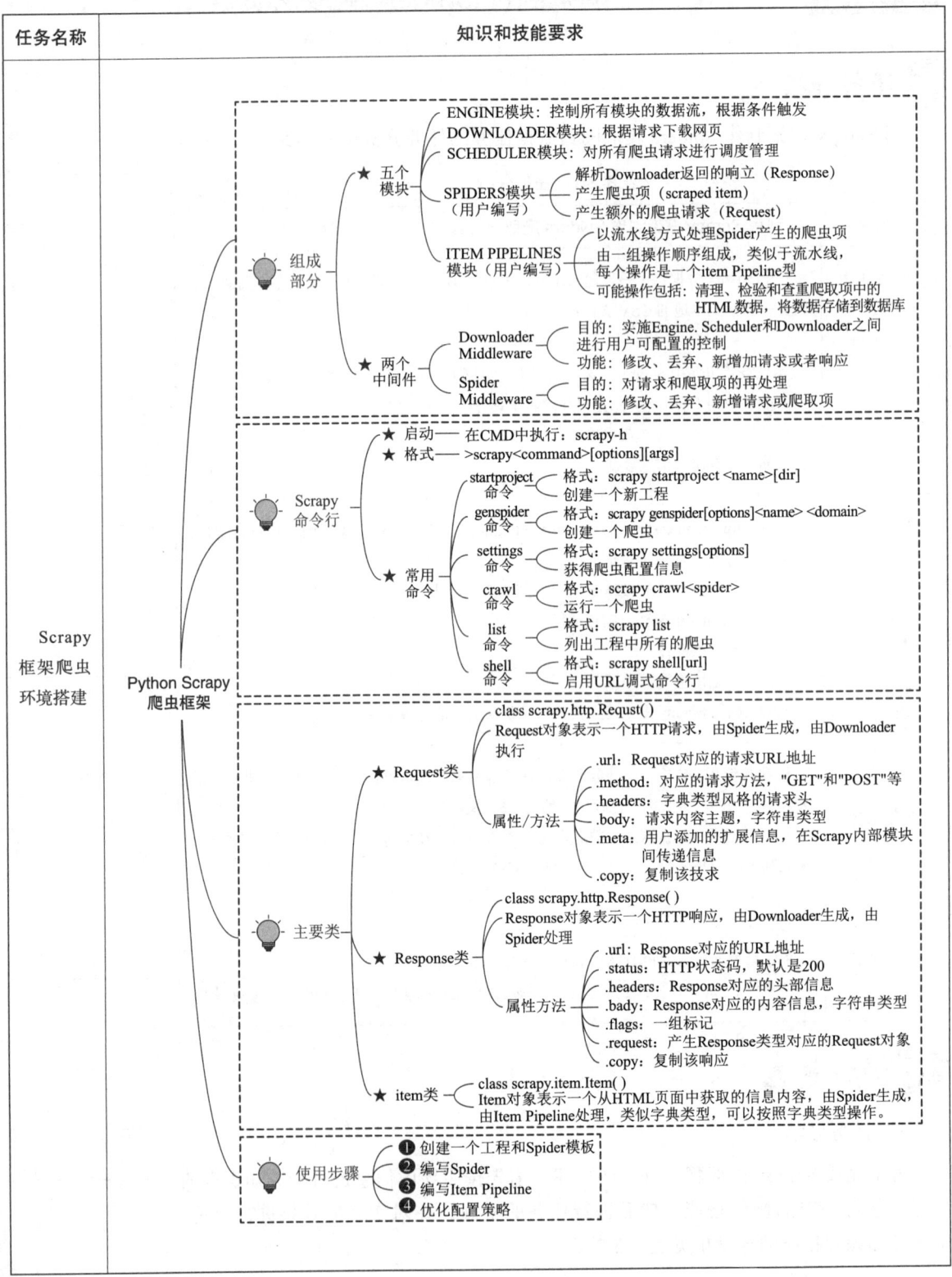

2. 引导性问题

（1）Scrapy 网页爬虫建立方法是什么？

_____

_____

_____

（2）Scrapy 网页爬虫结构是怎样的？

_____

_____

_____

（3）Scrapy 网页爬虫执行方法是什么？

_____

_____

_____

（4）Scrapy 中的数据流由执行引擎控制，具体流程是什么？

_____

_____

_____

3. 探究性问题

（1）在 Request 中设置 flag，针对性处理每个 request 在构造 Request 时，如何增加 flags 这个参数？

_____

_____

_____

（2）如何利用 Redis 进行网页去重？

_____

_____

笔记栏

学习资料

1. Scrapy 框架介绍

Scrapy 是一个基于 Twisted 的异步处理框架，是纯 Python 实现的爬虫框架，其架构清晰，模块之间的耦合程度低，可扩展性极强，可以灵活完成各种需求。Scrapy 框架主要由五大组件组成，它们分别是调度器（Scheduler）、下载器（Downloader）、爬虫（Spider）、实体管道（Item Pipeline）和 Scrapy 引擎（Scrapy Engine）。Scrapy 框架的架构如图 3-2-1 所示，它可以分为如下的几个部分：

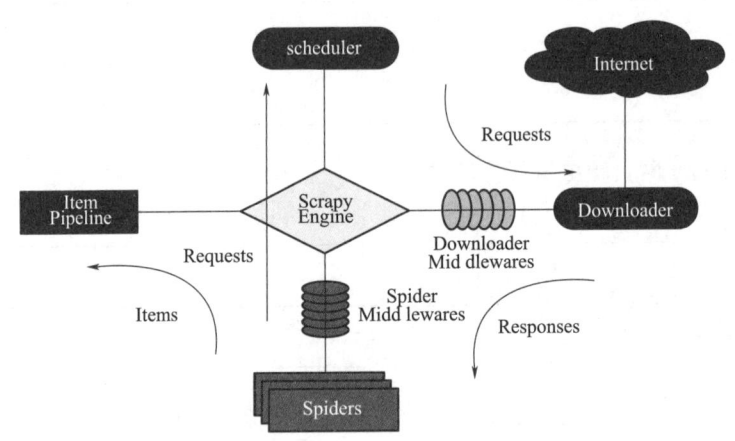

图 3-2-1 Scrapy 架构

· Scrapy Engine（引擎）：Scrapy 框架的核心部分。负责在 Spider 和 ItemPipeline、Downloader、Scheduler 中间通信、传递数据等。

· Spider（爬虫）：发送需要爬取的链接给引擎，引擎把其他模块请求回来的数据再发送给爬虫，爬虫就去解析想要的数据。这个部分是开发者自己编写的，因为要爬取哪些链接，页面中的哪些数据是需要的，都是由程序员自己决定。

· Scheduler（调度器）：负责接收引擎发送过来的请求，并按照一定的方式进行排列和整理，负责调度请求的顺序等。

· Downloader（下载器）：负责接收引擎传过来的下载请求，然后去网络上下载对应的数据再交还给引擎。

· Item Pipeline（管道）：负责将 Spider 传递过来的数据进行保存。具体保存在哪里，应该看开发者自己的需求。

· Downloader Middlewares（下载中间件）：可以扩展下载器和引擎之间通信功能的中间件。

· Spider Middlewares（Spider 中间件）：可以扩展引擎和爬虫之间通信功能的中间件。

2. Scrapy 的数据流

Scrapy 的数据流如图 3-2-2 所示。

Scrapy 中的数据流由引擎控制，其过程如下：

（1）引擎打开一个网站（open a domain），找到处理该网站的 Spider 并向该 Spider 请求第一个要爬取的 URL(s)。

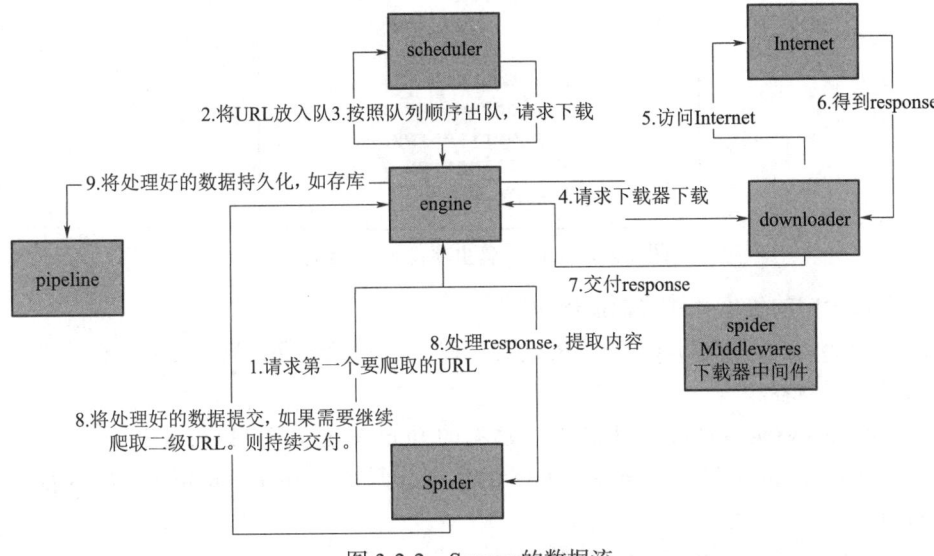

图 3-2-2　Scrapy 的数据流

（2）引擎从 Spider 中获取到第一个要爬取的 URL 并在调度器（Scheduler）以 Request 形式调度。

（3）引擎向调度器请求下一个要爬取的 URL。

（4）调度器返回下一个要爬取的 URL 给引擎，引擎将 URL 通过下载中间件[请求（request）方向]转发给下载器（Downloader）。

（5）一旦页面下载完毕，下载器生成一个该页面的 Response，并将其通过下载中间件[返回（response）方向]发送给引擎。

（6）引擎从下载器中接收到 Response 并通过 Spider 中间件（输入方向）发送给 Spider 处理。

（7）Spider 处理 Response 并返回爬取到的 Item 及（跟进的）新的 Request 给引擎。

（8）引擎将（Spider 返回的）爬取到的 Item 给 Item Pipeline，将（Spider 返回的）Request 给调度器。

（9）重复直到调度器中没有更多地 request，引擎关闭该网站。

3. Scrapy 常用命令

（1）startproject。startproject 用于创建项目，其语法如下：

```
scrapy startproject 项目名
```

3-15

该命令用于在当前目录下创建对应命名的 scrapy 爬虫项目。例如，运行 scrapy startproject scrapyDemo 命令，就创建了 Scrapy 框架的一个项目名为 scrapyDemo 项目，项目创建之后，项目文件结构如图 3-2-3 所示。

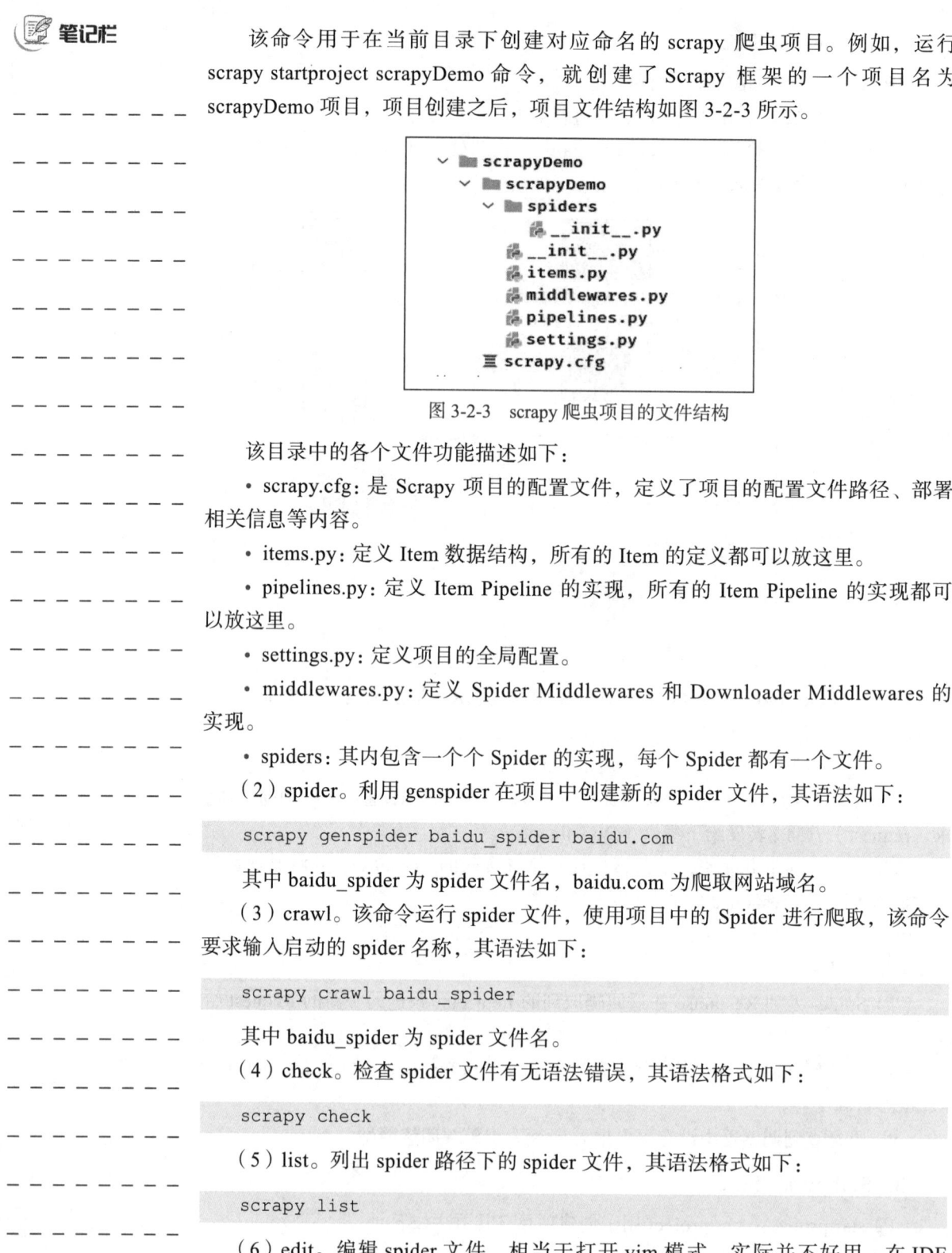

图 3-2-3　scrapy 爬虫项目的文件结构

该目录中的各个文件功能描述如下：

• scrapy.cfg：是 Scrapy 项目的配置文件，定义了项目的配置文件路径、部署相关信息等内容。

• items.py：定义 Item 数据结构，所有的 Item 的定义都可以放这里。

• pipelines.py：定义 Item Pipeline 的实现，所有的 Item Pipeline 的实现都可以放这里。

• settings.py：定义项目的全局配置。

• middlewares.py：定义 Spider Middlewares 和 Downloader Middlewares 的实现。

• spiders：其内包含一个个 Spider 的实现，每个 Spider 都有一个文件。

（2）spider。利用 genspider 在项目中创建新的 spider 文件，其语法如下：

```
scrapy genspider baidu_spider baidu.com
```

其中 baidu_spider 为 spider 文件名，baidu.com 为爬取网站域名。

（3）crawl。该命令运行 spider 文件，使用项目中的 Spider 进行爬取，该命令要求输入启动的 spider 名称，其语法如下：

```
scrapy crawl baidu_spider
```

其中 baidu_spider 为 spider 文件名。

（4）check。检查 spider 文件有无语法错误，其语法格式如下：

```
scrapy check
```

（5）list。列出 spider 路径下的 spider 文件，其语法格式如下：

```
scrapy list
```

（6）edit。编辑 spider 文件，相当于打开 vim 模式，实际并不好用，在 IDE

中编辑更为合适，其格式如下：

```
scrapy edit baidu_spider
```

其中 baidu_spider 为 spider 文件名。

（7）fetch。将网页内容下载下来，然后在终端打印当前返回的内容，相当于 request 和 urllib 方法，其格式如下：

```
scrapy fetch <url>
```

（8）view。将网页内容保存下来，并在浏览器中打开当前网页内容，直观呈现要爬取网页的内容，其格式如下：

```
scrapy view <url>
```

（9）shell。进入交互式模式，可以带上 URL 参数，打开 scrapy 显示台，类似 ipython，可以用来做测试。其格式如下：

```
scrapy shell [url]
```

（10）parse。输出格式化内容，其格式如下：

```
scrapy parse <url> [options]
```

（11）settings。该命令会输出 Scrapy 的默认配置值，返回系统设置信息，其格式如下：

```
scrapy settings [options]
```

（12）runspider。该命令会在未创建项目的情况下运行一个 spider，其语法格式如下：

```
sapy runspider <spider_file.py>
```

（13）version。显示 scrapy 版本，后面加 -v 可以显示 scrapy 依赖库的版本，其语法格式如下：

```
scrapy version [-v]
```

（14）bench。测试计算机当前爬取速度性能，其语法格式如下：

```
scrapy bench
```

（15）version。获取 Scrapy 框架的版本信息，可以配合 -v 选项，输出 Python 等更多信息，其语法格式如下：

```
scrapy version
```

完成上述学习资料的学习后，根据自己的学习情况进行归纳总结，并填写学习笔记（表 3-2-3）。

笔记栏

表 3-2-3　学习笔记

主题		
内容		问题与重点
总结		

任务实施

本次抓取目标是天天基金网的基金数据，如基金代码、基金名称、最近一个月收益率、最近六个月收益率、最近三年收益率以及基金公司、基金规模等一系列指标，这些信息抓取之后将会保存到本地的 CSV 文件中，实施过程如图 3-2-4 所示。

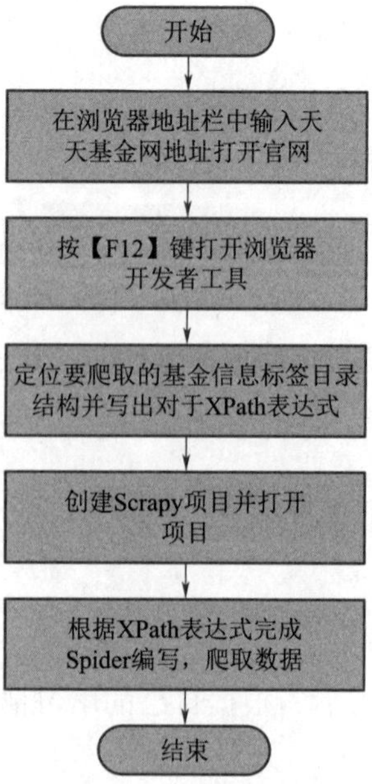

图 3-2-4　实现流程图

用 Scrapy 框架制作 Spiders 爬取网页数据实施过程如表 3-2-4 所示。

笔记栏

表 3-2-4　用 Scrapy 框架制作 Spiders 爬取网页数据实施过程

本次抓取目标是天天基金网的基金数据，如基金代码、基金名称、最近一个月收益率、最近六个月收益率、最近三年收益率以及基金公司、基金规模等一系列指标，这些信息抓取之后将会保存到本地的 CSV 文件中。具体的实施过程如下：	
（1）新建一个 fund 工程	新建一个 fund 工程，目录结构如图 3-2-5 所示。 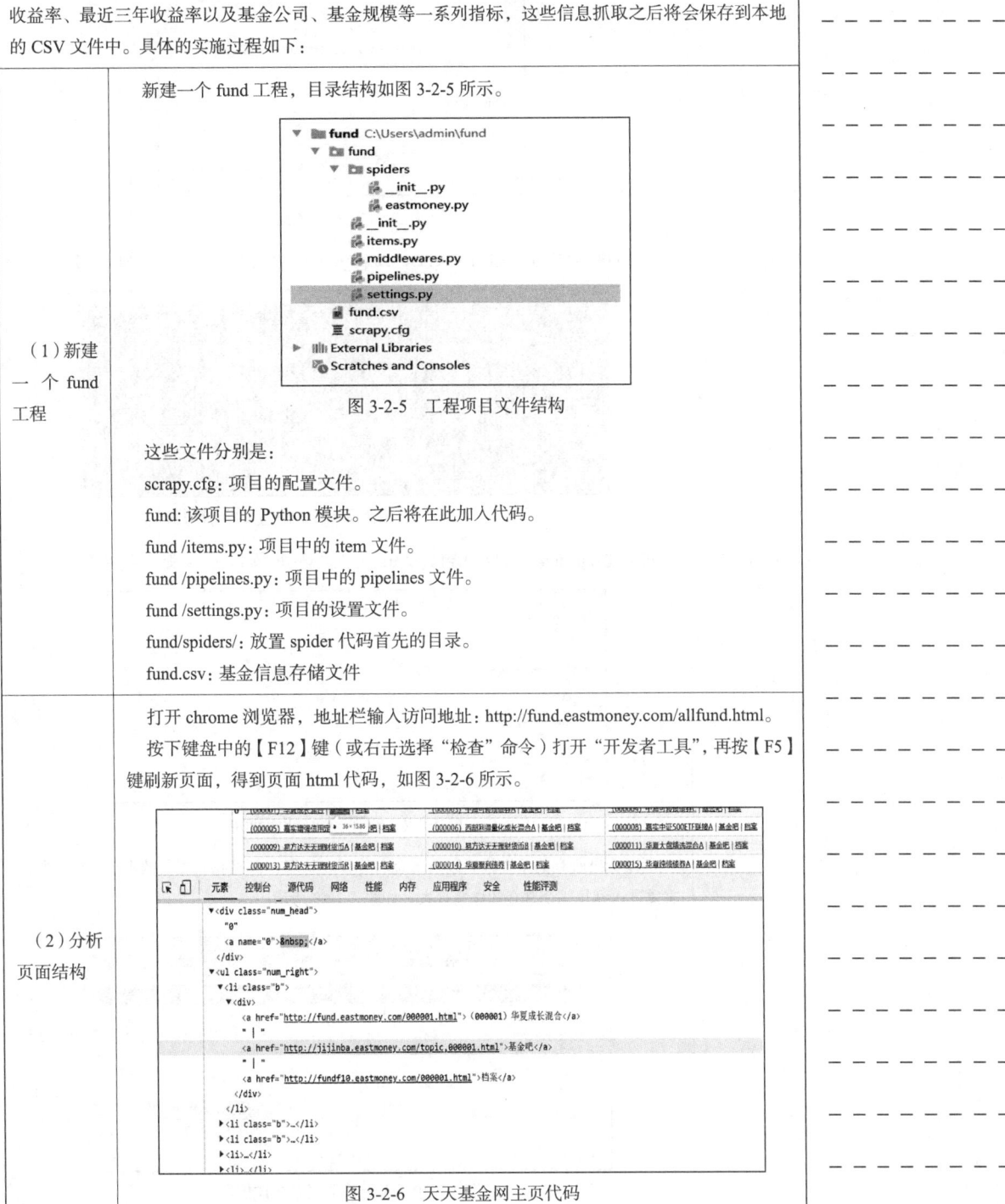 图 3-2-5　工程项目文件结构 这些文件分别是： scrapy.cfg：项目的配置文件。 fund：该项目的 Python 模块。之后将在此加入代码。 fund /items.py：项目中的 item 文件。 fund /pipelines.py：项目中的 pipelines 文件。 fund /settings.py：项目的设置文件。 fund/spiders/：放置 spider 代码首先的目录。 fund.csv：基金信息存储文件
（2）分析页面结构	打开 chrome 浏览器，地址栏输入访问地址：http://fund.eastmoney.com/allfund.html。 按下键盘中的【F12】键（或右击选择"检查"命令）打开"开发者工具"，再按【F5】键刷新页面，得到页面 html 代码，如图 3-2-6 所示。 图 3-2-6　天天基金网主页代码

3-19

笔记栏

续表

在键盘上按下【Win+R】组合键，打开图 3-2-7 所示对话框，并在输入框中输入 cmd 命令，然后单击"确定"按钮，即可打开 DOS 操作界面。

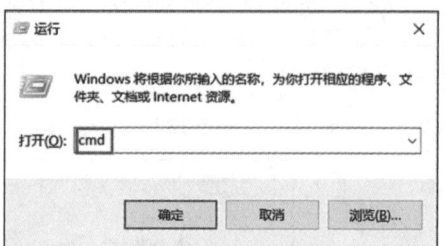

图 3-2-7　打开 CMD

在 DOS 操作界面通过命令 scrapy startproject fund 创建 scrapy 项目，如图 3-2-8 所示。

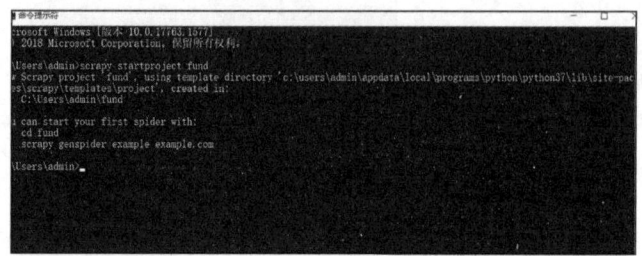

图 3-2-8　创建爬取天天基金网基金的爬虫项目

（3）新建 Scrapy 爬虫项目

将创建好的 fund 项目导入到 Pycharm 开发环境中，如图 3-2-9 所示。

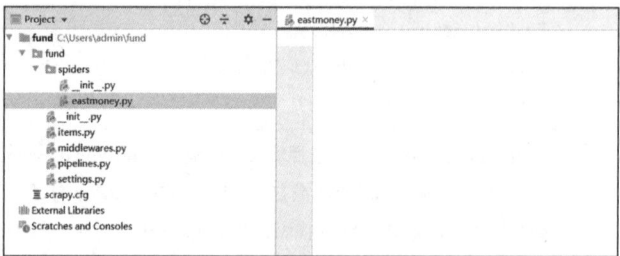

图 3-2-9　将项目导入 Pycharm

可以看出所有的基金代码以及基金名称都在这里，但是我们想要的不止这些，所以需要进入到每一个基金的详情页去，如图 3-2-10 所示。

图 3-2-10　天天基金网基金详情页

（3）新建 Scrapy 爬虫 项目	那就以站点 http://fund.eastmoney.com/allfund.html 为起始站点，提取每个基金的详情页链接，然后在详情页中解析想要的数据。 　　双击打开 items.py 文件，在 FangprojectItem 类中可以定义需要爬取的数据字段，本任务主要爬取：基金代码、基金名称、手续费、起购金额、最近一月、最近三月、最近六月、最近一年、最近三年、成立以来、基金类型、基金规模、成立日、基金公司。 　　修改 items.py 中的代码如图 3-2-11 所示。 ```python\nimport scrapy\n\n\nclass FundItem(scrapy.Item):\n code = scrapy.Field() # 基金代码\n name = scrapy.Field() # 基金名称\n service_Charge = scrapy.Field() # 手续费\n purchase_amount = scrapy.Field() # 起购金额\n recent1Month = scrapy.Field() # 最近一月\n recent3Month = scrapy.Field() # 最近三月\n recent6Month = scrapy.Field() # 最近六月\n recent1Year = scrapy.Field() # 最近一年\n recent3Year = scrapy.Field() # 最近三年\n from_Build = scrapy.Field() # 成立以来\n type = scrapy.Field() # 基金类型\n fund_scale = scrapy.Field() # 基金规模\n establishment_date = scrapy.Field() # 成立日\n company = scrapy.Field() # 基金公司\n``` 图 3-2-11　修改 items.py 代码

（4）爬取
基金信息
数据
	在 spiders 文件中新建一个爬虫类：eastmoney.py。在 eastmoney.py 文件中定义类的属性和方法，类 eastmoney.py 继承基类 Spider 定义的三个属性，实现 start_requests() 方法，定义 parse_info()，并利用 xpath 进行解析，核心代码如图 3-2-12 所示。
	
	```python\nimport scrapy\nfrom fund.items import FundItem\n\n\nclass EastmoneySpider(scrapy.Spider):\n name = 'eastmoney'\n allowed_domains = ['fund.eastmoney.com']\n start_urls = ['http://fund.eastmoney.com/allfund.html']\n```
	图 3-2-12　创建 eastmoney.py 类的核心代码
	
	　　使用 request 发送请求，以 url 和 headers 作为参数，向天天基金网站发出请求，url 是访问地址，核心代码如图 3-2-13 所示。
	
	```python\ndef parse(self, response):\n urls = response.xpath('//*[@id=\"code_content\"]/div/ul/li/div/a[1]/@href')\n for url in urls:\n url = response.urljoin(url.extract())\n yield scrapy.Request(url,callback=self.parse_info)\n # print(url)\n```
	图 3-2-13　定义请求的核心代码
	
	　　创建 parse() 方法，使用 XPath 路径表达式获取基金代码、基金名称、手续费、起购金额、最近一月、最近三月、最近六月、最近一年、最近三年、成立以来、基金类型、基金规模、成立日、基金公司等信息，代码如图 3-2-14 所示。

 笔记栏

（4）爬取基金信息数据	```python
def parse_info(self, response):
    item = FundItem()
    try:
        item['code'] = response.xpath('//*[@class="fundcodeInfo"]/span[1]/text()').extract()[0]   # 基金代码
    except:
        item['code'] = response.xpath('//*[@class="fundDetail-tit"]/div/span[2]/text()').extract()[0]
    item['name'] = response.xpath('//*[@class="fundDetail-tit"]/div[1]/text()').extract()[0]   # 基金名称
    item['service_Charge'] = response.xpath('//*[@class="buyWayStatic"]/div[5]/span[2]/span[2]/text()').extract_first('暂停申购')   # 手续费
    item['purchase_amount'] = response.xpath('//*[@id="moneyAmountTxt"]/@data-placeholder').extract_first('暂停申购')   # 起购金额
    try:
        item['recent1Month'] = response.xpath('//*[@class="dataItem01"]/dd[2]/span[2]/text()').extract()[0]   # 最近一月
        item['recent3Month'] = response.xpath('//*[@class="dataItem02"]/dd[2]/span[2]/text()').extract()[0]   # 最近三月
        item['recent6Month'] = response.xpath('//*[@class="dataItem03"]/dd[2]/span[2]/text()').extract()[0]   # 最近六月
        item['recent1Year'] = response.xpath('//*[@class="dataItem01"]/dd[3]/span[2]/text()').extract()[0]   # 最近一年
        item['recent3Year'] = response.xpath('//*[@class="dataItem02"]/dd[3]/span[2]/text()').extract()[0]   # 最近三年
        item['from_Build'] = response.xpath('//*[@class="dataItem03"]/dd[3]/span[2]/text()').extract()[0]   # 成立以来
    except:
        item['recent1Month'] = response.xpath('//*[@class="dataItem01"]/dd[1]/span[2]/text()').extract()[0]
        item['recent3Month'] = response.xpath('//*[@class="dataItem02"]/dd[1]/span[2]/text()').extract()[0]
        item['recent6Month'] = response.xpath('//*[@class="dataItem03"]/dd[1]/span[2]/text()').extract()[0]
        item['recent1Year'] = response.xpath('//*[@class="dataItem01"]/dd[2]/span[2]/text()').extract()[0]
        item['recent3Year'] = response.xpath('//*[@class="dataItem02"]/dd[2]/span[2]/text()').extract()[0]
        item['from_Build'] = response.xpath('//*[@class="dataItem03"]/dd[2]/span[2]/text()').extract()[0]
    item['type'] = response.xpath('//*[@class="infoOfFund"]/table/tr[1]/td[1]/a/text()').extract()[0]
    item['fund_scale'] = response.xpath('//*[@class="infoOfFund"]/table/tr/td[2]/text()').extract()[0].split("：")[1]   # 基金规模
    item['establishment_date'] = response.xpath('//*[@class="infoOfFund"]/table/tr/td[1]/text()').extract()[0].split("：")[1]   # 成立日期
    item['company'] = response.xpath('//*[@class="infoOfFund"]/table/tr[2]/td[2]/a/text()').extract()[0]   # 公司
    yield item
```
图 3-2-14　利用 XPath 解析的核心代码 |
| （5）数据持久化存储 | 双击打开 pipelines.py 源文件，在自动生成的 ToCSVPipeline 类中实现基金信息数据的信息持久化。当运行爬虫时，每条数据 item 会自动发送给该类的对象。保存数据到文件的实现代码如图 3-2-15 所示。<br><br>```python
import csv
From fund.items import FundItem


class ToCSVPipeline(object):
    def __init__(self):
        self.f = open("fund.csv", "a", encoding='utf-8', newline="")
        # 设置表头，要和spider传过来的字典key名称相同
        self.fieldnames = ["code", "name", "service_Charge", "purchase_amount", "recent1Month", "recent3Month", "recent6Month",
                           "recent1Year", "recent3Year", "from_Build", "type", "fund_scale", "establishment_date", "company"]
        self.writer = csv.DictWriter(self.f, fieldnames=self.fieldnames)
        self.writer.writeheader()

    def process_item(self, item, spider):
        self.writer.writerow(item)
        return item

    def close(self, spider):
        self.f.close()
```<br>图 3-2-15　保存数据到文件的实现代码<br><br>设置 pipeline 通道生效。双击打开 settings.py 文件，pipeline 通道默认是关闭的，需要在 setting.py 中打开，如图 3-2-16 所示代码。<br><br>```python
ITEM_PIPELINES = {
    'fund.pipelines.ToCSVPipeline': 300,
}
```<br>图 3-2-16 设置 pipeline 通道生效<br><br>设置随机 UA，双击 Middleware.py 文件，在 Middleware 中设置随机 User-Agent，做一些防范爬虫的措施才可以顺利完成数据爬取，具体代码如图 3-2-17 所示。<br><br>```python
class UseAgentMiddleware(object):
    def __init__(self, user_agent=''):
        self.ua = UserAgent(verify_ssl=False)

    def process_request(self, request, spider):
        if self.ua:
            random_ua = self.ua.random
            request.headers["User-Agent"] = random_ua
```<br>图 3-2-17 设置随机 UA |

续表　笔记栏

（5）数据持久化存储

在 PyCharm 的 Terminal 中执行 scrapy crawl eastmoney，如图 3-2-18 所示。

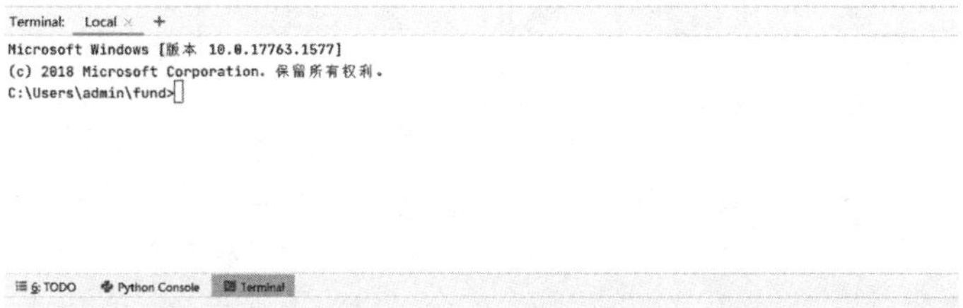

图 3-2-18　运行项目

输出部分结果如图 3-2-19 所示。

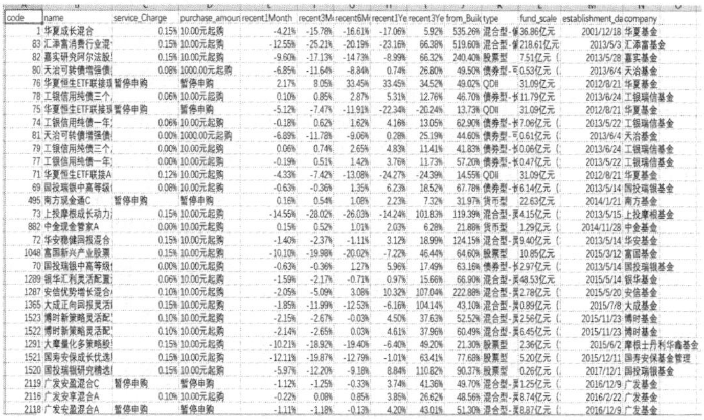

code	name	service_Charge	purchase_amoun	recent1Month	recent3M	recent6M	recent1Ye	recent3Ye	from_Buil	type	fund_scale	establishment_da	company
1	华夏成长混合	0.15%	10.00元起购	-4.21%	-15.78%	-16.61%	-17.06%	5.92%	535.26%	混合型-偏	36.86亿元	2001/12/18	华夏基金
83	汇添富消费行业混	0.15%	10.00元起购	-12.55%	-25.21%	-20.19%	-23.16%	66.38%	519.60%	混合型-偏	218.61亿元	2013/5/3	汇添富基金
82	嘉实研究阿尔法股	0.15%	10.00元起购	-9.60%	-17.13%	-14.73%	-8.99%	66.32%	240.40%	股票型	7.51亿元（	2013/5/28	嘉实基金
80	天治可转债增强债	0.08%	1000.00元起购	-6.85%	-11.64%	-8.84%	0.74%	26.80%	49.50%	债券型-可	0.53亿元（	2013/6/4	天治基金
76	华夏恒生ETF联接现	暂停申购	暂停申购	2.17%	8.05%	33.45%	33.45%	34.52%	49.02%	QDII	31.09亿元	2012/8/21	华夏基金
78	工银信用纯债三个	0.06%	10.00元起购	0.10%	0.85%	2.87%	5.31%	12.76%	46.70%	债券型-长	11.79亿元	2013/6/24	工银瑞信基金
75	华夏恒生ETF联接现	暂停申购	暂停申购	-5.12%	-7.47%	-11.91%	-22.34%	-20.24%	13.73%	QDII	31.09亿元	2012/8/21	华夏基金
74	工银信用纯债一年	0.06%	10.00元起购	-0.18%	0.62%	1.62%	4.16%	13.05%	62.90%	债券型-长	7.06亿元（	2013/5/22	工银瑞信基金
81	天治可转债增强债	0.00%	1000.00元起购	-6.89%	-11.78%	-9.06%	0.28%	25.19%	44.60%	债券型-可	0.61亿元（	2013/6/4	天治基金
79	工银信用纯债三个	0.00%	10.00元起购	0.06%	0.74%	2.65%	4.83%	11.41%	41.83%	债券型-长	0.06亿元（	2013/6/24	工银瑞信基金
77	工银信用纯债一年	0.00%	10.00元起购	-0.19%	0.51%	1.42%	3.76%	11.73%	57.20%	债券型-长	0.47亿元（	2013/5/22	工银瑞信基金
71	华夏恒生ETF联接A	0.12%	10.00元起购	-4.33%	-7.42%	-13.08%	-24.27%	-24.39%	14.55%	QDII	31.09亿元	2012/8/21	华夏基金
69	国投瑞银中高等级	0.08%	10.00元起购	-0.63%	-0.36%	1.35%	6.23%	18.52%	67.78%	债券型-长	6.14亿元（	2013/5/14	国投瑞银基金
495	南方现金通C	暂停申购	暂停申购	0.16%	0.54%	1.08%	2.23%	7.32%	31.97%	货币型	22.63亿元	2014/1/21	南方基金
73	上投摩根成长动力	0.15%	10.00元起购	-14.55%	-28.02%	-26.03%	-14.24%	101.83%	119.39%	混合型-灵	4.15亿元（	2013/5/15	上投摩根基金
882	中金现金管家A	0.00%	10.00元起购	0.15%	0.52%	1.01%	2.03%	6.28%	21.88%	货币型	1.29亿元（	2014/11/28	中金基金
72	华安稳健回报混合	0.15%	10.00元起购	-1.40%	-2.37%	-1.11%	3.12%	18.99%	124.15%	混合型-灵	9.40亿元（	2013/5/14	华安基金
1048	富国新兴产业股票	0.15%	10.00元起购	-10.10%	-19.98%	-20.02%	-7.22%	46.44%	64.60%	股票型	10.85亿元	2015/3/12	富国基金
70	国投瑞银中高等级	0.00%	10.00元起购	-0.63%	-0.36%	1.27%	5.96%	17.49%	63.16%	债券型-长	2.97亿元（	2013/5/14	国投瑞银基金
1289	银华汇利灵活配置	0.06%	10.00元起购	-1.59%	-2.17%	-0.71%	0.97%	15.66%	66.90%	混合型-灵	48.53亿元	2015/5/14	银华基金
1287	安信优势增长混合	0.10%	10.00元起购	-2.05%	-5.09%	3.08%	10.32%	107.04%	222.88%	混合型-灵	2.78亿元（	2015/5/20	安信基金
1365	大成正向回报灵活	0.15%	10.00元起购	-1.85%	-11.99%	-12.53%	-6.16%	104.14%	43.10%	混合型-灵	0.89亿元（	2015/7/8	大成基金
1523	博时新策略灵活配	0.10%	10.00元起购	-2.15%	-2.67%	-0.03%	4.50%	37.63%	52.52%	混合型-灵	2.56亿元（	2015/11/23	博时基金
1522	博时新策略灵活配	0.10%	10.00元起购	-2.14%	-2.65%	0.03%	4.61%	37.96%	60.49%	混合型-灵	6.45亿元（	2015/11/23	博时基金
1291	大摩量化多策略股	0.15%	10.00元起购	-10.21%	-18.92%	-19.40%	-6.40%	49.20%	21.30%	股票型	2.36亿元（	2015/6/2	摩根士丹利华鑫基金
1521	国寿安保成长优选	0.15%	10.00元起购	-12.11%	-19.87%	-12.79%	-1.01%	63.41%	77.68%	股票型	5.20亿元（	2015/12/11	国寿安保基金管理
1520	国投瑞银研究精选	0.15%	10.00元起购	-5.97%	-12.20%	-9.18%	8.84%	110.82%	90.37%	股票型	0.26亿元（	2017/12/1	国投瑞银基金
2119	广发安盈混合C	暂停申购	暂停申购	-1.12%	-1.25%	-0.33%	3.74%	41.36%	49.70%	混合型-灵	1.25亿元（	2016/12/9	广发基金
2116	广发安享混合A	0.10%	10.00元起购	-0.22%	0.08%	0.85%	3.85%	26.62%	48.56%	混合型-灵	8.74亿元（	2016/2/22	广发基金
2118	广发安盈混合A	暂停申购	暂停申购	-1.11%	-1.18%	-0.13%	4.20%	43.01%	51.30%	混合型-灵	8.87亿元（	2016/12/9	广发基金

图 3-2-19　项目执行结果

任务评价

上述任务完成后，填写表 3-2-5，对知识点掌握情况进行自我评价，并进行学习总结。

表 3-2-5　自我评价、总结表。

任务 2	利用 Scrapy 框架制作 Spiders 爬取网页数据自我测评与总结		
考核项目	任务 知识点	自我 评价	学习 总结
Python 的函数基本知识	定义函数	□ 没有掌握 □ 基本掌握 □ 完全掌握	
	调用函数	□ 没有掌握 □ 基本掌握 □ 完全掌握	

续表

笔记栏

Python 的异常处理语句基本知识	程序异常捕获和处理	□ 没有掌握 □ 基本掌握 □ 完全掌握	
Scrapy 框架基本知识	新建 Scrapy 项目，并生成爬虫类	□ 没有掌握 □ 基本掌握 □ 完全掌握	
	使用 Scrapy 框架设计爬取数据的数据结构	□ 没有掌握 □ 基本掌握 □ 完全掌握	
	使用 header 模拟浏览器访问页面	□ 没有掌握 □ 基本掌握 □ 完全掌握	
	结合 Scrapy 框架，使用 XPath 从页面中爬取想要的数据	□ 没有掌握 □ 基本掌握 □ 完全掌握	
	实现多页数据的自动爬取	□ 没有掌握 □ 基本掌握 □ 完全掌握	
	使用 Scrapy 框架实现数据持久化存储	□ 没有掌握 □ 基本掌握 □ 完全掌握	

本任务结束后，填写表 3-2-6 进行小组评价、教师评价，并反馈学习、实践中存在的问题。

表 3-2-6　任务评价表

任务 2	利用 Scrapy 框架制作 Spiders 爬取网页数据			
序号	检查项目	检查标准	小组评价	教师评价
1	新建 Scrapy 项目，并生成爬虫类	• 是否知道 Scrapy 爬虫的基本流程 • 能否创建 Scrapy 项目 • 是否了解项目文档中各文件的作用		

续表　　📝 **笔记栏**

序号	检查项目	检查标准	小组评价	教师评价
2	使用 Scrapy 框架设计爬取天天基金网基金数据的数据结构	• 能否掌握爬虫的基本流程 • 能否掌握 Scrapy 框架的使用		

检查评价	班　　级		第　　组	组长签字	
	教师签字		日　　期		
	评语:				

 笔记栏

项目四

爬虫代理和模拟登录

为了完成本项目的学习，请先阅读下面学习性工作任务单 4-1-1 所示。

表 4-1-1　学习性工作任务单

项目 学习目标	• 能实现模拟登录 • 能实现爬虫代理
项目描述	本项目通过了解爬虫代理和模拟登录技术，通过爬虫代理，爬取百度信息，通过模拟登录，爬取"去哪儿"网信息
任务 1	爬虫代理
任务 2	模拟登录
项目 验收标准	• 准确通过爬虫代理爬取网页数据； • 准确通过模拟登录爬取网页数据； • 能保存爬取的网页数据

任务 1　爬虫代理

任务分析

对爬虫代理任务进行任务分析如表 4-1-2 所示。

表 4-1-2　任务分析

任务 1	爬虫代理	学时	4
典型工作 过程描述	查询并检验代理 IP 是否生效→生成代理池→生成 IP 代理→使用 IP 代理进行网页访问		
任务目标	了解使用爬虫的原因，选择不同的爬虫代理方式对百度网页进行爬取		
任务描述	• 查询并检验代理 IP 是否生效。 • 生成代理池。 • 生成 IP 代理。 • 使用 IP 代理进行网页访问		

笔记栏

续表

任务 1	爬虫代理	学时	4
任务描述	重点： • 生成 IP 代理。 • 使用 IP 代理进行网页访问。 难点：使用 IP 代理进行网页访问		
工作思路	执行流程：查询并检验代理 IP 是否生效→生成代理池→生成 IP 代理→使用 IP 代理进行网页访问		
任务要求	学会使用 IP 代理进行爬虫。 • 掌握 IP 代理如何验证其有效性。 • 生成 IP 代理。 • 使用 IP 代理进行网页访问。		

 导 学

1. 任务导学

为了完成利用爬虫代理进行爬虫，请先按照导学信息进行相关知识点的学习，掌握一定的操作技能，然后进行任务的实施，并对实施的效果进行评价。本任务知识和技能的导学单如表 4-1-3 所示。

表 4-1-3 爬虫代理导学单

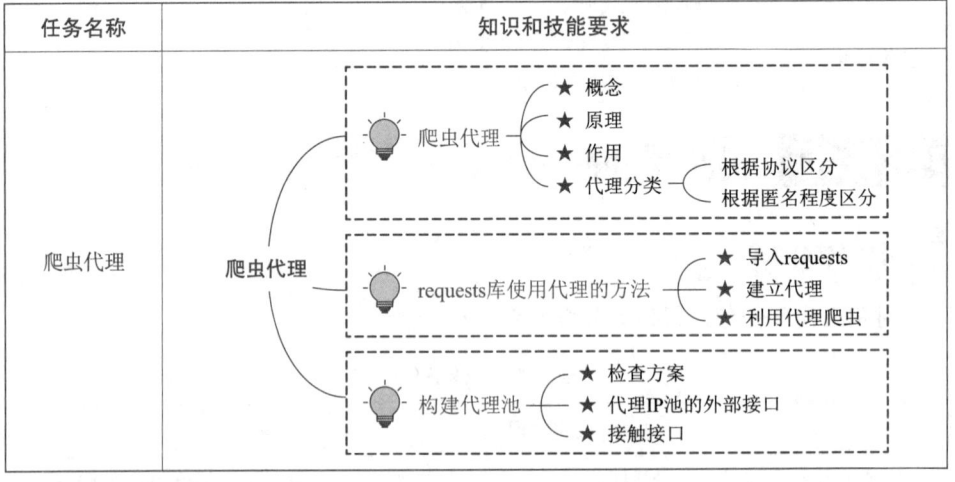

任务名称	知识和技能要求
爬虫代理	爬虫代理——爬虫代理：★ 概念 ★ 原理 ★ 作用 ★ 代理分类（根据协议区分／根据匿名程度区分） requests库使用代理的方法：★ 导入requests ★ 建立代理 ★ 利用代理爬虫 构建代理池：★ 检查方案 ★ 代理IP池的外部接口 ★ 接触接口

2. 引导性问题

（1）爬虫所需要的爬虫代理 IP 是什么？

_____

_____

_____

（2）为什么使用代理 IP？

_____

_____

_____

（3）如何在爬虫中的应用代理?

_____

_____

_____

3. 探究性问题

（1）使用代理 IP 的过程中可能会遇到哪些问题?

_____

_____

_____

（2）探究 IP 代理能解决哪些网络问题。

_____

_____

_____

学习资料

1. 代理基本原理

　　服务器会检测某个 IP 在单位时间内的请求次数，如果超过了这个阈值，就会直接拒绝服务，返回一些错误信息，这种情况可以称为封 IP。

　　既然服务器检测的是某个 IP 单位时间的请求次数，那么借助某种方式来伪装我们的 IP，让服务器识别不出是由我们本机发起的请求，一种有效的方式就是使用代理，由于爬取速度过快，在爬取过程中可能遇到同一个 IP 访问过于频繁，则网站会让我们输入验证码登录或者直接封锁 IP，使用代理隐藏 IP，让服务器以为是代理服务器在请求自己，在爬取过程中不断更换 IP，就不会被封锁。

笔记栏

代理实际上指的就是代理服务器，英文称为 proxy server，它的功能是代理网络用户去取得网络信息。形象地说，它是网络信息的中转站。在正常请求一个网站时，是发送了请求给 Web 服务器，Web 服务器把响应传回。如果设置了代理服务器，实际上就是在本机和服务器之间搭建了一个桥，此时本机不是直接向 Web 服务器发起请求，而是向代理服务器发出请求，请求会发送给代理服务器，然后由代理服务器再发送给 Web 服务器，接着由代理服务器再把 Web 服务器返回的响应转发给本机。这样同样可以正常访问网页，但这个过程中 Web 服务器识别出的真实 IP 就不再是我们本机的 IP 了，就成功实现 IP 伪装，这就是代理的基本原理。

2. 代理的作用

（1）突破自身 IP 访问限制。访问一些平时不能访问的站点。

（2）提高访问速度。通常代理服务器都设置一个较大的硬盘缓冲区，当有外界的信息通过时，同时也将其保存到缓冲区中，当其他用户再访问相同的信息时，则直接由缓冲区中取出信息，传给用户，以提高访问速度。

（3）隐藏真实 IP。上网者也可以通过这种方法隐藏自己的 IP，免受攻击，对于爬虫来说，我们用代理就是为了隐藏自身 IP，防止自身的 IP 被封锁。

3. 代理分类

代理分类，既可以根据协议区分，也可以根据其匿名程度区分。

1）根据协议区分

根据代理的协议，代理可以分为如下类别：

• FTP 代理服务器，主要用于访问 FTP 服务器，一般有上传、下载以及缓存功能，端口一般为 21、2121 等。

• HTTP 代理服务器，主要用于访问网页，一般有内容过滤和缓存功能，端口一般为 80、8080、3128 等。

• SSL/TLS 代理，主要用于访问加密网站，一般有 SSL 或 TLS 加密功能（最高支持 128 位加密强度），端口一般为 443。

• RTSP 代理，主要用于 Realplayer 访问 Real 流媒体服务器，一般有缓存功能，端口一般为 554。

• Telnet 代理，主要用于 Telnet 远程控制（黑客入侵计算机时常用于隐藏身份），端口一般为 23。

• POP3/SMTP 代理，主要用于 POP3/SMTP 方式收发邮件，一般有缓存功能，端口一般为 110/25。

• SOCKS 代理，只是单纯传递数据包，不关心具体协议和用法，所以速度快很多，一般有缓存功能，端口一般为 1080。SOCKS 代理协议又分为 SOCKS4 和 SOCKS5，SOCKS4 协议只支持 TCP，而 SOCKS5 协议支持 TCP 和 UDP，还支持各种身份验证机制、服务器端域名解析等。简单来说，SOCK4 能做到的 SOCKS5 都可以做到，但 SOCKS5 能做到的 SOCK4 不一定能做到。

2）根据匿名程度区分

根据代理的匿名程度，代理可以分为如下类别：

• 高度匿名代理。高度匿名代理会将数据包原封不动的转发，在服务端看来就好像真的是一个普通客户端在访问，而记录的 IP 是代理服务器的 IP。

• 普通匿名代理。普通匿名代理会在数据包上做一些改动，服务端上有可能发现这是个代理服务器，也有一定概率追查到客户端的真实 IP。代理服务器通常会加入的 HTTP 头有 HTTP_VIA 和 HTTP_X_FORWARDED_FOR。

• 透明代理。透明代理不但改动了数据包，还会告诉服务器客户端的真实 IP。这种代理除了能用缓存技术提高浏览速度、能用内容过滤提高安全性之外，并无其他显著作用，最常见的例子是内网中的硬件防火墙。

• 间谍代理。间谍代理指组织或个人创建的，用于记录用户传输的数据，然后进行研究、监控等目的的代理服务器。

4. Requests 库使用 IP 代理的方法

Requests 向网站发送请求访问的方法为 GET 和 POST，而在这个两个方法里面中通过可选参数 proxies 设置本次请求的代理 IP，该参数设置格式为：

```
proxies={ '协议':'协议://IP:端口号' }
```

具体代码如下：

```
import requests
proxies={
    'http':'223.96.90.216:8085',
}
response=requests.get("http://www.baidu.com", proxies=proxies)
print(response.text)
```

5. 构建代理池

如果只使用一个 IP 地址来抓取网站，或者只使用一个代理来抓取网站，这将降低抓取的可靠性、地理定位选项以及可以发出的并发请求数量。这就需要构建代理池，将流量分配到大量代理上。代理池的大小取决于每小时将提出的请求数、用作代理的 IP 类型、代理的 IP 的质量、代理管理系统的复杂性等，目标网站具有更复杂反机器人对策的大型网站将需要更大的代理池。构建代理池可以从以下几个方面来完成：

（1）检查方案，代理 IP 一般有时间限制，简单地说，超过有效期，代理 IP 将失效。需要测试其有效性，建立测试计划测试代理 IP 的有效性，删除无效 IP，当 IP 池中的 IP 低于某个阈值时，将通过代理 IP 获得新的 IP。

（2）代理 IP 池的外部接口。一般来说，在建立代理 IP 池后，还需要设计一个外部接口，通过接口来调用 IP 供爬虫使用。代理 IP 池的功能简单，直接使用方便。

（3）接触接口。一般来说，爬取免费代理 IP 时要使用接口。免费代理都是从免费代理资源网站抓取，如果是付费代理 IP，通常会有 API 提供获取代理 IP。

下面举例来说明如何构建代理池，具体代码如下：

```python
import requests
from bs4 import BeautifulSoup
import time
list_ip=[]
list_port=[]
list_headers_ip=[]
for start in range(1,11):
    url='https://www.kuaidaili.com/free/inha/{}/'.format(start)
# 每页15个数据，共爬取10页
    print(" 正在处理url: ",url)
    headers={'User-Agent': 'Mozilla/5.0 (Windows NT 10.0; Win64;
x64) AppleWebKit/537.36 (KHTML, like Gecko) Chrome/91.0.4472.164
Safari/537.36 Edg/91.0.864.71'}
    response=requests.get(url=url, headers=headers)
    soup=BeautifulSoup(response.text, 'html.parser')
    ip=soup.select('#list>table>tbody>tr>td:nth-child(1)')
    port=soup.select('#list>table>tbody>tr>td:nth-child(2)')
    for i in ip:
        list_ip.append(i.get_text())
    for i in port:
        list_port.append(i.get_text())
time.sleep(1)          # 防止爬取太快，数据爬取不全
# 代理ip的形式：  'http':'http://119.14.253.128:8088'
for i in range(150):
    IP_http='{}:{}'.format(list_ip[i],list_port[i])
    IP_https='https://{}:{}'.format(list_ip[i],list_port[i])
    proxies={
        'HTTP':IP_http,
        'HTTPS':IP_https
    }
    list_headers_ip.append(proxies)
    # print(proxies)
print(list_headers_ip)
# 代理ip的形式：  'http':'http://119.14.253.128:8088'
for i in range(150):
    IP_http='{}:{}'.format(list_ip[i],list_port[i])
```

🖉 笔记栏

```
        IP_https='https://{}:{}'.format(list_ip[i],list_port[i])
        proxies={
           'HTTP':IP_http,
           'HTTPS':IP_https
        }
        list_headers_ip.append(proxies)
        # print(proxies)
    print(list_headers_ip)
    # 检测可用性
    # 检查 IP 的可用性
    def check_ip(list_ip):
        headers={'User-Agent': 'Mozilla/5.0 (Windows NT 10.0; Win64;
    x64) AppleWebKit/537.36 (KHTML,like Gecko) Chrome/91.0.4472.164
    Safari/537.36 Edg/91.0.864.71',
                    'Connection': 'close'}
        # url='https://www.baidu.com'  # 以百度为例，检测 IP 的可行性
        url='https://movie.douban.com/subject/1292052/'
        can_use=[]
        for ip in list_ip:
            try:
                response=requests.get(url=url,headers=headers,proxies=
    ip,timeout=3)      # 在 0.1 秒之内请求百度的服务器
                if response.status_code==200:
                    can_use.append(ip)
            except Exception as e:
                print(e)
        return can_use
    can_use=check_ip(list_headers_ip)
    print(' 能用的代理 IP 为 :',can_use)
    # for i in can_use:
    #     print(i)
    print(' 能用的代理 IP 数量为 :',len(can_use))
    fo=open('IP 代理池 .txt','w')
    for i in can_use:
        fo.write(str(i)+'\n')
    fo.close()
```

完成上述学习资料的学习后，根据自己的学习情况进行归纳总结，并填写学习笔记如表 4-1-4 所示。

笔记栏

表 4-1-4　学习笔记

主题		
内容		问题与重点
总结		

任务实施

建立代理池进行爬虫的实施过程如表 4-1-5 所示。

表 4-1-5　建立代理池进行爬虫的实施过程

按照任务的步骤完成任务的实施，具体的步骤为：验证代理是否可用并建立代理池→利用代理池进行爬虫。具体的实施过程如下：

（1）验证代理是否可用并建立代理池	验证代理是否可用并建立代理池代码：
	
	``python
	# -*- coding:UTF-8 -*-
	import subprocess as sp
	import requests,json,random,re,os
	User_Agent=[
	    'Mozilla/5.0 CK={} (Windows NT 6.1; WOW64; Trident/7.0; rv:11.0) like Gecko',
	    'Mozilla/5.0 (Windows NT 10.0; Win64; x64) AppleWebKit/537.36 (KHTML, like Gecko) Chrome/74.0.3729.169 Safari/537.36',
	    'Mozilla/5.0 (Windows NT 10.0; WOW64) AppleWebKit/537.36 (KHTML, like Gecko) Chrome/72.0.3626.121 Safari/537.36',
	``

| （1）验证代理是否可用并建立代理池 | <pre>   'Mozilla/5.0 (Windows NT 10.0; Win64; x64) AppleWeb-
Kit/537.36 (KHTML, like Gecko) Chrome/74.0.3729.157 Safa-
ri/537.36',
    'Mozilla/4.0 (compatible; MSIE 6.0; Windows NT 5.1; SV1;
.NET CLR 1.1.4322)',
    'Mozilla/4.0(compatible;MSIE6.0;WindowsNT5.1;SV1)',
    'Mozilla/5.0(WindowsNT10.0;Win64;x64)AppleWebKit/
537.36(KHTML,likeGecko)Chrome/60.0.3112.113Safari/537.36',
    'Mozilla/5.0(WindowsNT6.1;WOW64;Trident/7.0;rv:11.0)
likeGecko',
    'Mozilla/5.0(WindowsNT10.0;Win64;x64)AppleWebKit/537.36(KHTML,
likeGecko)Chrome/64.0.3282.140Safari/537.36Edge/17.17134',
    'Mozilla/5.0(WindowsNT10.0;Win64;x64)AppleWebKit/537.36(KHTML,
likeGecko)Chrome/64.0.3282.140Safari/537.36Edge/18.17763',
    'Mozilla/5.0(compatible;MSIE9.0;WindowsNT6.1;WOW64;Trident/
5.0;KTXN)',
    'Mozilla/5.0(WindowsNT5.1;rv:7.0.1)Gecko/20100101Firefox/
7.0.1',
    'Mozilla/4.0(compatible;MSIE6.0;WindowsNT5.1)',
    'Mozilla/5.0(WindowsNT6.1;WOW64;rv:54.0)Gecko/20100101Firefox/
54.0',
    'Mozilla/5.0(WindowsNT6.1;WOW64;rv:40.0)Gecko/20100101Firefox/
40.1',
    'Mozilla/5.0(WindowsNT6.1;Win64;x64)AppleWebKit/
537.36(KHTML,likeGecko)Chrome/60.0.3112.90Safari/537.36',
    'Mozilla/4.0(compatible;MSIE7.0;WindowsNT6.0)',
    'Mozilla/5.0(WindowsNT10.0)AppleWebKit/537.36(KHTML,
likeGecko)Chrome/72.0.3626.121Safari/537.36',
    'Mozilla/5.0 (Windows NT 6.1; WOW64; rv:18.0) Gecko/20100101
Firefox/18.0'
]
headers={}
headers['User-Agent']=random.choice(User_Agent)
ip_pools=[] # 未过滤的 ip 池
new_pools=[]# 已过滤的 ip 池
"""
函数说明：获取 IP 代理
"""
def pro():
    url="http://proxylist.fatezero.org/proxy.list"
    r=requests.get(url,headers=headers)
    lists=r.text.split('\n')
    for i in lists:
        try:
            li=json.loads(i,strict=False)
                if str(li['anonymity'])=='high_anonymous' and
str(li['type'])=='http':
                    ip_port=str(li['host'])+":"+str(li['port'])
                    ip_pools.append(ip_port)

        except:
            continue
"""
函数说明：检查代理 IP 的连通性</pre> |
| --- | --- |

笔记栏

| （1）验证代理是否可用并建立代理池 | Parameters:
    ip - 代理的 ip 地址
    lose_time - 匹配丢包数
    waste_time - 匹配平均时间
Returns:
    average_time - 代理 ip 平均耗时
"""
def check_ip(ip, lose_time, waste_time):
    # 命令 -n 要发送的回显请求数；-w 等待每次回复的超时时间（毫秒）
    cmd="ping -n 3 -w 3 %s"
    # 执行命令
    p=sp.Popen(cmd % ip, stdin=sp.PIPE, stdout=sp.PIPE, stderr=sp.PIPE, shell=True)
    # 获得返回结果并解码
    out=p.stdout.read().decode("gbk")
    # 丢包数
    lose_time=lose_time.findall(out)
    # 当匹配到丢失包信息失败，默认为三次请求全部丢包，丢包数 lose 赋值为 3
    if len(lose_time)==0:
        lose=3
    else:
        lose=int(lose_time[0])
    # 如果丢包数目大于 2 个，则认为连接超时，返回平均耗时 1000ms
    if lose > 2:
        # 返回 False
        return 1000
    # 如果丢包数目小于等于 2 个，获取平均耗时的时间
    else:
        # 平均时间
        average=waste_time.findall(out)
        # 当匹配耗时时间信息失败，默认三次请求严重超时，返回平均耗时 1000ms
        if len(average)==0:
            return 1000
        else:
            average_time=int(average[0])
            # 返回平均耗时
            return average_time
"""
函数说明：进一步检查代理 IP 的可用性
Parameters:
    ip_port - 代理 ip
"""
def check_ip2(ip_port):
    num=0
    proxy={
        'http':ip_port
        }
    try:
        for i in range(10):
            r=requests.get('http://www.baidu.com',headers=
headers,proxies=proxy,timeout=5)
            if r.status_code!=200:
                print("二次验证失败:{}".format(ip_port)+"
code:"+r.status_code)
                return -1 |

（1）验证代理是否可用并建立代理池	```
	                break
	            else:
	                num+=1
	        if num==10:
	            return 200
	    except:
	        print("二次验证失败:{}".format(ip_port))
	        return -1
	"""
	函数说明:初始化正则表达式
	Parameters:
	    无
	Returns:
	    lose_time - 匹配丢包数
	    waste_time - 匹配平均时间
	"""
	def initpattern():
	    # 匹配丢包数
	    lose_time=re.compile(u"丢失=(\d+)", re.IGNORECASE)
	    # 匹配平均时间
	    waste_time=re.compile(u"平均=(\d+)ms", re.IGNORECASE)
	    return lose_time, waste_time
	"""
	函数说明:保存代理
	"""
	def save_proxy():
	    f=open('ip.html','w')
	    f.write(str(new_pools))
	if __name__ == '__main__':
	    # 初始化正则表达式
	    lose_time, waste_time=initpattern()
	    # 获取IP代理
	    pro()
	    # 如果平均时间超过200ms,重新选取ip
	    for proxy in ip_pools:
	        split_proxy=proxy.split(':')
	        # 获取IP
	        ip=split_proxy[0]
	        # 检查ip
	        average_time=check_ip(ip, lose_time, waste_time)
	        if average_time<200:
	            code=check_ip2(proxy)
	            if code==200:
	                print(proxy+"验证成功")
	                new_pools.append(proxy)
	            else:
	                print("一次验证失败:{}".format(proxy))
	    save_proxy()
	    print('可用代理保存成功')
	    print("保存地址为: "+os.getcwd()+'\\'+'ip.html')
	``

（2）利用代理池进行爬虫	利用代理池进行爬虫代码:
	
	``
	import random
	import urllib.request
	proxies_pool=[
	    {'http':'223.96.90.216:8085'},
	    {'http':'39.103.207.127:443'}
	]
	``

笔记栏

| （2）利用代理池进行爬虫 | ```python
proxies=random.choice(proxies_pool)
print(proxies)
url='http://www.baidu.com/'
headers={
    'User-Agent': 'Mozilla/5.0 (Windows NT 10.0; Win64; x64) AppleWebKit/537.36 (KHTML, like Gecko) Chrome/97.0.4692.99 Safari/537.36'
}
request=urllib.request.Request(url=url, headers=headers)
handler=urllib.request.ProxyHandler(proxies=proxies)
opener=urllib.request.build_opener(handler)
response=opener.open(request)
content=response.read().decode('utf-8')
# with open('daili.html', 'w', encoding='utf-8') as fp:
#     fp.write(content)
print(content)
``` |

任务评价

上述任务完成后，填写表 4-1-6，对知识点掌握情况进行自我评价，并进行学习总结。

表 4-1-6　自我评价总结表

任务 1	爬虫代理自我测评与总结		
考核项目	任务知识点	自我评价	学习总结
代理基本原理	代理基本原理	□ 没有掌握 □ 基本掌握 □ 完全掌握	
代理的作用	代理的作用	□ 没有掌握 □ 基本掌握 □ 完全掌握	
代理分类	根据协议区分	□ 没有掌握 □ 基本掌握 □ 完全掌握	
	根据匿名程度区分	□ 没有掌握 □ 基本掌握 □ 完全掌握	
Requests 库使用代理的方法	编写程序，利用 requests 使用代理进行爬虫	□ 没有掌握 □ 基本掌握 □ 完全掌握	
爬虫爬取代理 IP，建立代理池	编写程序，通过爬虫爬取代理 IP，并建立 IP 代理池，利用代理池进行爬虫	□ 没有掌握 □ 基本掌握 □ 完全掌握	
```

本任务结束后，填写表 4-1-7 进行小组评价、教师评价，并反馈学习、实践中存在的问题。

 笔记栏

表 4-1-7　爬虫代理任务评价表

任务 1	爬虫代理			
序号	检查项目	检查标准	小组评价	教师评价
1	Requests 库使用代理的方法	• 是否能编写程序，建立代理 • 能否使用代理进行爬虫		
2	爬虫爬取代理 IP，建立代理池	• 是否能自行编写程序爬取代理 IP • 是否能建立代理池 • 能否编写程序利用代理池进行爬虫		
检查评价	班　　级		第　组	组长签字
	教师签字		日　期	
	评语：			

<h1>任务 2　模拟登录</h1>

任务分析

对爬虫模拟登录进行任务分析，如表 4-2-1 所示。

表 4-2-1　任务分析

任务 2	模拟登录	学时	4
典型工作过程描述	通过模拟登录登录"去哪儿"网。		
任务目标	利用表单和 Cookie 实现模拟登录，登录"去哪儿"网。具体要达到如下任务目标： ①在表单模拟登录时，学会查找提交入口、查找并获取需要提交的表单数据、使用 POST 方法请求登录。 ②在 Cookie 实现模拟登录时，能够保存已经成功登录的 Cookie、使用保存的 Cookie 发送请求		
任务描述	知识点： • 查找表单登录的提交入口。 • 查找并获取需要提交的表单数据。		

续表

 **笔记栏**

任务 2	模拟登录	学时	4
任务描述	• 使用 POST 请求方法登录。 • 使用浏览器 Cookie 登录。 • 基于表单登录的 Cookie 登录。 重点： • 查找表单登录的提交入口。 • 使用浏览器 Cookie 登录。 • 基于表单登录的 Cookie 登录。 难点：查找表单登录的提交入口		
工作思路	执行流程：使用 Chrome 开发者工具查找提交入口、查找需要提交的表单数据 →使用 Chrome 开发者工具获取浏览器的 Cookie →加载已经保存的表单登录后的 Cookie 实现模拟登录。 设计过程：分析网页代码→提交入口→获取 Cookie →模拟登录		
任务要求	完成本任务后，将能够： • 掌握使用 Chrome 开发者工具查找提交入口、查找需要提交的表单数据。 • 掌握获取验证码数据的方法。 • 掌握使用 POST 方法向服务器发送登录请求。 • 掌握使用 Chrome 开发者工具获取浏览器的 Cookie，实现模拟登录。 • 掌握通过加载已经保存的表单登录后的 Cookie 实现模拟登录		

导 学

1．任务导学

为了完成模拟登录爬取网页信息，请先按照导读信息进行相关知识点的学习，掌握一定的操作技能，然后进行任务的实施，并对实施的效果进行评价。本任务知识和技能的导学单见表 4-2-2。

表 4-2-2　模拟登录爬虫导学单

任务名称	知识和技能要求
模拟登录	模拟登录 　Cookie ── ★ Cookie的概念 ★ Cookie的作用 　Session ── ★ Session的概念 ★ Session的作用 　基于Session和Cookie的模拟登录 ── ★ 分析网页登录方式 ★ 分析验证码接口 ★ 尝试错误登录，获取Cookie的参数 ★ 寻找Cookie来源 ★ Session通过get请求添加需要的Cookie

2. 引导性问题

（1）当你登录一个网站，关闭了之后短时间内再进去并不用登录，为什么？

_____

_____

_____

（2）当你登录一个网站，关闭了之后短时间内再进去并不用登录，而长时间后再进去却要登录，为什么？

_____

_____

_____

（3）输入用户账号、密码然后单击登录，为什么每次都能成功？为什么错误账号、密码却不行？

_____

_____

_____

3. 探究性问题

（1）为什么表单登录要用 POST 请求？

_____

_____

_____

（2）使用浏览器 Cookie 登录和基于表单的 Cookie 登录，这两种基于 Cookie 的模拟登录各有什么优缺点？

_____

_____

_____

_____

_____

笔记栏

4. 拓展性问题

（1）你能想到哪些 Cookie 泄露带来的安全问题？

_____

_____

_____

（2）除人工识别认证码外，还有哪些方法识别认证码？

_____

_____

_____

学习资料

模拟登录

1. 用户登录

在很多情况下，页面的某些信息需要登录才可以查看，比如说在京东购物，如果不登录是无法提交订单，如图 4-2-1 所示。

图 4-2-1 京东 App 登录页面

如果要爬取用户登录后才有权限返回所需要的信息，可以设计爬虫进行模拟登录。

2. Cookie

当用户通过浏览器首次访问一个域名时，访问的 Web 服务器会给客户端发送数据，以保持 Web 服务器与客户端之间的状态，这些数据就是 Cookie。它是站点创建的、为了辨别用户身份而储存在用户本地终端上的数据，其中的信息一般都是经过加密的，存在缓存或硬盘中，在硬盘中是一些小文本文件，当访问该网站时，就会读取对应网站的 Cookie 信息，记录不同用户的访问状态。

3. Session

Session 是另一种记录用户状态的机制，不同的是 Cookie 保存在客户端浏览器中，而 Session 保存在服务器上。客户端浏览器访问服务器的时候，服务器把客户端信息以某种形式记录在服务器上。这就是 Session。客户端浏览器再次访问时，只需要从该 Session 中查找该客户的状态就可以了。

如果说 Cookie 机制是通过检查用户身上的"通行证"来确定客户身份的话，那么 Session 机制就是通过检查服务器上的"用户明细表"来确认用户身份。Session 相当于程序在服务器上建立的一份用户档案，用户来访的时候只需要查询用户档案表就可以了。

总之，Session 就是保存在服务端的，里面保存了用户此次访问的会话信息，Cookie 则是保存在用户本地浏览器的，会在每次用户访问网站的时候发送给服务器，Cookie 会作为 Request Headers 的一部分发送给服务器，服务器根据 Cookie 里面包含的信息判断找出其 Session 对象并做一些校验，不同的 Session 对象里面维持了不同访问用户的状态，服务器可以根据这些信息决定返回 Response 的内容。

Cookie 里面可能只存了 Session ID 相关信息，服务器能根据 Cookie 找到对应的 Session，用户登录之后，服务器会把对应的 Session 里面标记一个字段，代表已登录状态或者其他信息（如角色、登录时间）等，这样用户每次访问网站的时候都带着 Cookie 来访问，服务器就能找到对应的 Session，然后看一下 Session 里面的状态是登录状态，那就可以返回对应的结果或执行某些操作。

Cookie 里面也可能直接保存了某些凭证信息。比如用户在发起登录请求之后，服务器校验通过，返回给客户端的 Response Headers 里面可能带有 Set-Cookie 字段，里面可能就包含了类似凭证的信息，这样客户端会执行设置 Cookie 的操作，将这些信息保存到 Cookie 里面，以后再访问网页时携带这些 Cookie 信息，服务器拿着这里面的信息校验，自然也能实现登录状态检测了。

以上两种情况几乎能涵盖大部分的 Session 和 Cookie 登录验证的实现，具体的实现逻辑因服务器而异，但 Session 和 Cookie 一定是需要相互配合才能实现的。

4. JWT

Web 开发技术是一直在发展的，很多 Web 网站都采取了前后端分离的技术来实现。而且传统的基于 Session 和 Cookie 的校验也存在一定问题，比如服务器需要维护登录用户的 Session 信息，而且分布式部署不方便，也不太适合前后端分离的项目，所以 JWT 技术应运而生。

JWT，英文全称为 JSON Web Token，是为了在网络应用环境中传递声明而执行的一种基于 JSON 的开放标准。实际上就是在每次登录的时候通过一个 Token 字符串来校验登录状态。JWT 的声明一般被用来在身份提供者和服务提供者之间传递被认证的用户身份信息，以便于从资源服务器获取资源，也可以增加一些额外的业务逻辑所必须的声明信息，所以这个 Token 可直接被用于认证，也可传递一些额外信息。

有了 JWT，一些认证就不需要借助于 Session 和 Cookie 了，服务器也无须维护 Session 信息，减少了服务器的开销。服务器只需要有一个校验 JWT 的功能就好了，同时也可以做到分布式部署和跨语言的支持。

JWT 通常就是一个加密的字符串，它也有自己的标准，类似下面的这种格式：

```
eyJ0eXAxIjoiMTIzNCIsImFsZzIiOiJhZG1pbiIsInR5cCI6IkpXVCI-
sImFsZyI6IkhTMjU2In0.eyJVc2VySWQiOjEyMywiVXNlck5hbWUiOiJhZG1pbiI-
sImV4cCI6MTU1MjI4Njc0Ni44Nzc0MDE4fQ.pEgdmFAy73walFonEm2zbxg46Oth-
3dlT02HR9iVzXa8
```

我们可以发现，中间有两个用来分割的 "."，因此可以把它看成是一个三段式的加密字符串。它由三部分构成，分别是 Header、Payload、Signature。

Header，声明 JWT 的签名算法，如 RSA、SHA256 等，也可能包含 JWT 编号或类型等数据，然后对整个信息进行 Base64 编码即可。

Payload，通常用来存放一些业务需要但不敏感的信息，如 UserID 等，另外，它也有很多默认字段，如 JWT 签发者、JWT 接收者、JWT 过期时间等，Base64 编码即可。

Signature，就是一个签名，是把 Header、Payload 的信息用秘钥 secret 加密后形成的，这个 secret 是保存在服务器端的，不能被轻易泄露。如此一来，即使一些 Payload 的信息被篡改，服务器也能通过 Signature 判断出非法请求，拒绝服务。

所以这个登录认证流程也很简单了，用户以用户名密码登录，然后服务器生成 JWT 字符串返回给客户端。客户端每次请求都带着这个 JWT 就行了，服务器会自动判断其有效情况，如果有效，自然就返回对应的数据。JWT 的传输多种多样，可以将其放在 Request Headers 中，也可以放在 URL 里，甚至也有的网站把它放在 Cookie 里面，但总而言之，能传给服务器进行校验就好了。

5. 基于 Session 和 Cookie 的模拟登录

如果我们已经在浏览器中登录了自己的账号，要想用爬虫模拟，那么可以直接把 Cookie 复制过来交给爬虫。这是最省时省力的方式，相当于我们用浏览器手动操作登录了。我们把 Cookie 放到代码里，爬虫每次请求的时候再将其放到 Request Headers 中，完全模拟了浏览器的操作。之后服务器会通过 Cookie 校验登录状态，如果没问题，自然就可以执行某些操作或返回某些内容了。

如果我们不想有任何手工操作，那么可以直接使用爬虫模拟登录过程。其实，登录的过程多数也是一个 POST 请求。我们用爬虫提交了用户名、密码等信息给服务器，服务器返回的 Response Headers 里面可能会带有 Set-Cookie 的字段，我们只需要把这些 Cookie 保存下来就行了。所以，最主要的就是把这个过程中的 Cookie 维持好。当然这里可能会遇到一些困难，比如：登录过程中伴随着各种校验参数，不好直接模拟请求；网站设置 Cookie 的过程是通过 JavaScript 实现的，

所以可能还得仔细分析其中的逻辑，尤其是我们用 requests 这样的请求库进行模拟登录的时候，遇到的问题经常比较多。

6. 基于 Session 和 Cookie 的模拟登录实例

（1）分析网页登录方式。有三种方式：账号密码登录、短信验证码登录、扫码登录，如图 4-2-2 所示。

图 4-2-2　App 登录的方式

（2）分析验证码接口。打开隐身窗口（浏览器界面下按【Ctrl+Shift+N】组合键），选择使用账号密码登录后，确认有验证码验证，通过分析确认验证码接口。

（3）尝试错误登录，查看请求页面的 form data，构造请求函数，尝试使用爬虫进行登录，发现报错，通过分析我们发现需要传入 cookie 的参数为 QN1、QN25、QN271、_i、_vi、fid。

（4）寻找 cookie 来源，借助 chrome 的开发者工具。寻找 cookie 的来源，使用开发者工具 filter 功能中的 set-cookie-name 查找 cookie 的来源。

（5）在 session 中通过 get 请求添加需要的 cookie，再次尝试即可。

完成上述学习资料的学习后，根据自己的学习情况进行归纳总结，并填写学习笔记（表 4-2-3）。

表 4-2-3　学习笔记

主题			
内容		问题与重点	
总结			

笔记栏

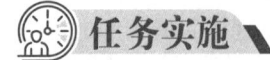 **任务实施**

本次模拟"去哪儿"网的登录过程并抓取信息，如表 4-2-4 所示。

表 4-2-4 模拟"去哪儿"网的登录过程

按照任务步骤完成任务的实施，具体的步骤为：分析网页结构，确认登录方式，如账号密码登录或扫码登录（如是账号密码登录，确认有无验证码及验证码接口），进行错误登录尝试，观察登录系统的传码方案，如账号密码是否加密，是否有额外参数需要寻找，登录需要传入的 cookie（根据错误登录的分析结果，寻找额外的参数和需要传入的 cookie 来源和密码加密函数），反复测试并编写代码，具体的实施过程如下：

模拟登录"去哪儿"网代码：

```python
import requests
import re
"""
此代码共分为4部分：初始化模块，获取添加cookies，验证码模块，登录模块
"""
def start_get_session():
    session_=requests.session()
    return session_
def get_base_cookies(session_):
    session_.get('https://user.qunar.com/passport/login.jsp')
    get_image(session_)
    session_.get('https://user.qunar.com/passport/addICK.jsp?ssl')
    """
        由于获取fid参数的url需要cookie参数SESSIONID得到，所以没办法直接得到fid,
    需要先得到SESSIONID这个参数，再得到fid参数
    """
    response=session_.get('https://rmcsdf.qunar.com/js/df.js?org_
id=ucenter.login&js_type=0')
    # 查找SESSIONID
    cookie_SE=re.findall(r'&sessionId=(.*?)&',response.text)[0]
    # 获取fid session_.get('https://rmcsdf.qunar.com/api/{}&domain=
qunar.com&orgId=ucenter.login'.format(cookie_SE))
    session_.cookies.update({'QN271':cookie_SE})
def get_image(session_):
    response=session_.get('https://user.qunar.com/captcha/
api/image?k={en7mni(z&''p=ucenter_login&c=ef7d278eca6d25aa6aec
7272d57f0a9a')
    with open('code.png' , 'wb') as f:
        f.write(response.content)
def login(session_ , username , password , vcode):
    data={
        'loginType': 0,
        'username': username,
        'password': password,
        'remember': 1,
        'vcode': vcode,
    }
    url='https://user.qunar.com/passport/loginx.jsp'
    response=session_.post(url , data)
    print(response.text)
if __name__=='__main__':
```

续表

笔记栏

```
session=start_get_session()
get_base_cookies(session)
username=input('请输入账号：')
password=input('请输入密码：')
vcode=input('请输入验证码：')
login(session, username, password, vcode)
```

任务评价

上述任务完成后，填写表4-2-5，对知识点掌握情况进行自我评价，并进行学习总结。

表 4-2-5　自我评价总结表

任务 2	模拟登录自我测评与总结		
考核项目	任务知识点	自我评价	学习总结
模拟登录	模拟登录的概念	□ 没有掌握 □ 基本掌握 □ 完全掌握	
	模拟登录的方式	□ 没有掌握 □ 基本掌握 □ 完全掌握	
Cookie	Cookie 的作用和组成	□ 没有掌握 □ 基本掌握 □ 完全掌握	
Session	Session 的作用和组成	□ 没有掌握 □ 基本掌握 □ 完全掌握	
基 于 Session 和 Cookie 的模拟登录	实现过程	□ 没有掌握 □ 基本掌握 □ 完全掌握	
	编写程序，利用 Session 和 Cookie 实现模拟登录	□ 没有掌握 □ 基本掌握 □ 完全掌握	

本任务结束后，填写表 4-2-6 进行小组评价、教师评价并反馈学习、实践中存在的问题。

笔记栏

表 4-2-6　模拟登录任务评价表

任务 2		模拟登录			
序号	检查项目	检查标准		小组评价	教师评价
1	模拟登录的基本概念	• 能说明什么是模拟登录 • 是否知道模拟登录的技术有哪些 • 是否知道模拟登录的基本原理			
2	Cookie 和 Session	• 能否掌握 Cookie 的作用和组成 • 能否掌握 Session 的作用和组成			
3	基于 Session 和 Cookie 的模拟登录	• 是否能自行编写程序, 利用 Session 和 Cookie 进行模拟登录 • 是否成功验证模拟登录			
检查评价	班　　级		第　组	组长签字	
	教师签字		日　期		
	评语:				

项目五
App 的爬取

为了完成本项目的学习，请先阅读下面的学习性工作任务单（表5-1-1）。

 笔记栏

表 5-1-1　学习性工作任务单

项目 学习目标	• 学会 Charles 的安装、Charles 证书配置。 • 学会安装 JDK。 • 学会安装 Android SDK Tools。 • 学会安装模拟器。 • 学会安装 Appium 并验证 Appium 安装是否成功。 • 学会分析接口数据。 • 学会 Appium 模拟滑动操作。 • 学会利用 Appium 抓取数据。 • 学会利用 Python 编写程序实现 App 爬取
项目描述	通过使用 Charles 抓包工具对新浪微博数据接口进行分析，分析获取数据请求接口及构造参数等，通过 Appium 工具控制 App 翻页滑动等操作，完成 App 爬虫，对数据包进行解析，并将数据保存。
任务 1	搭建 App 爬虫环境
任务 2	爬取微博主页推荐信息
项目 验收标准	• 准确通过爬虫方法爬取 App 数据； • 能解析 App 网页； • 能保存 App 数据

任务1　App 爬虫环境搭建

任务分析

对搭建 App 的爬取环境任务进行任务分析，如表5-1-2所示。

表 5-1-2　任务分析

任务 1	App 爬虫环境搭建	学时	4
典型工作过程描述	安装 Charles →启动 Charles → Charles 证书配置→开启 SSL 监听→安装 JDK →安装 Android SDK Tools →安装 Appium →验证 Appium 安装是否成功→安装模拟器		
任务目标	了解 App 爬虫的基本原理和流程，根据 App 爬虫的需要搭建爬虫环境		
任务描述	• 下载并安装 Charles。 • 下载并安装 JDK。 • 下载并安装 Android SDK Tools。 • 下载并安装 Appium。 • 下载并安装模拟器。 重点： • 安装 Charles。 • 安装 JDK。 • 安装 Android SDK Tools。 • 安装 Appium。 难点：Charles 证书配置		
工作思路	①执行流程：安装 Charles →启动 Charles → Charles 证书配置→开启 → SSL 监听→安装 JDK →安装 Android SDK Tools →安装 Appium →验证 Appium 安装是否成功→安装模拟器。 ②设计过程：先下载软件包，进行软件包的安装，最后验证软件是否安装成功		
任务要求	学会 App 爬虫的环境的搭建。 • 掌握 App 爬虫需要的软件环境。 • 安装 Charles。 • 安装 JDK。 • 安装 Android SDK Tools。 • 安装 Appium。 • 安装模拟器		

导　学

1. 任务导学

为了完成 App 的爬虫，需要搭建爬虫环境，请先按照导学信息进行相关知识点的学习，掌握一定的操作技能，然后进行任务的实施，并对实施的效果进行评价。本任务知识和技能的导学单见表 5-1-3。

表 5-1-3 App 爬虫环境搭建导学单

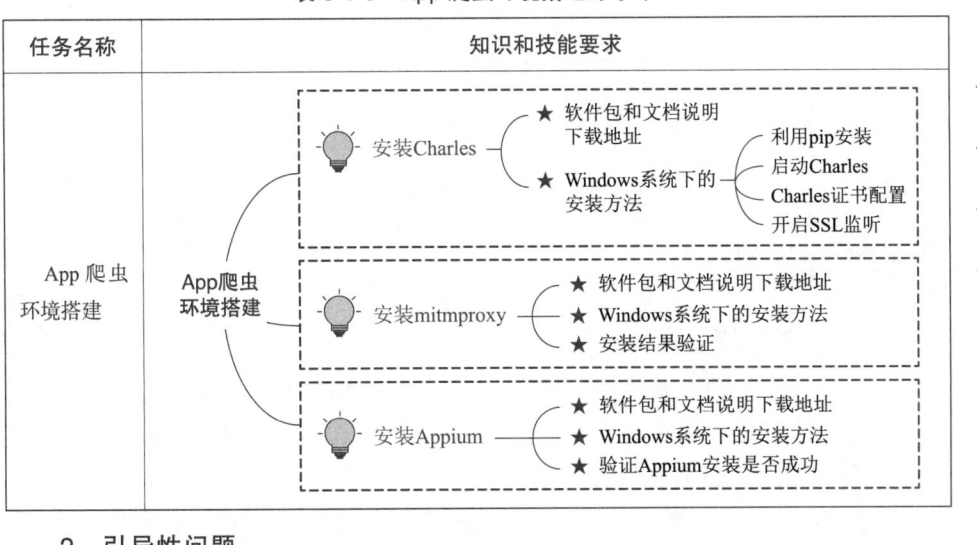

任务名称	知识和技能要求
App 爬虫 环境搭建	App爬虫 环境搭建 —— 安装Charles —— ★ 软件包和文档说明下载地址 / ★ Windows系统下的安装方法 —— 利用pip安装 / 启动Charles / Charles证书配置 / 开启SSL监听 安装mitmproxy —— ★ 软件包和文档说明下载地址 / ★ Windows系统下的安装方法 / ★ 安装结果验证 安装Appium —— ★ 软件包和文档说明下载地址 / ★ Windows系统下的安装方法 / ★ 验证Appium安装是否成功

2. 引导性问题

（1）有哪些 App 抓包工具？

_____

_____

_____

（2）进行 App 爬虫需要安装哪些工具软件？

_____

_____

_____

（3）App 爬虫的工作流程是什么？

_____

_____

_____

3. 探究性问题

（1）本任务是在 Windows 系统下搭建环境的，那么如何在 Linux 下搭建环境呢？

_____

_____

_____

笔记栏

（2）请整理出环境搭建过程中出现的问题。

_____

_____

_____

学习资料

App爬虫环境的
搭建

1. App 爬取的主要流程

App 的爬取比 Web 爬取更加容易，且大部分数据是以 JSON 形式传输的，解析简单。在 App 中想要查看请求与响应（类似浏览器的开发者工具监听到的各个网络请求和响应），就需要借助抓包软件。

App 中的页面要加载出来，首先需要获取数据，而这些数据一般是通过请求服务器的接口来获取的。由于 App 没有浏览器这种可以比较直观地看到后台请求的工具，所以主要用一些抓包技术来抓取数据。在抓取之前，需要设置代理，将手机处于抓包软件的监听下，这样就可以用同一网络进行监听，获得所有的网络和请求。

如果是有规则的，就只需要分析即可；如果需要对 App 进行自动化控制，可以用库 Appium。

2. Charles 的安装

Charles 是一款代理服务器，通过将自己设置成系统（计算机或者浏览器）的网络访问代理服务器，然后截取请求和请求结果，达到分析抓包的目的。该软件是用 Java 编写的，能够在 Windows、Mac、Linux 上使用。安装 Charles 的时候要先装好 Java 环境。Charles 的主要功能如下：

- 截取 Http 和 Https 网络封包。
- 支持重发网络请求，以方便后端调试。
- 支持修改网络请求参数。
- 支持网络请求的截获并动态修改。
- 支持模拟慢速网络。

（1）下载。可到官方网站 https://www.charlesproxy.com 进行下载。

（2）安装。双击安装包，然后一路单击 Next 即可安装（保证计算机里没有其他 charles）。

（3）设置 charles, 在 Proxy->Proxy setting, 中可以抓取 http 协议（默认不用更改）。

（4）进入界面。安装好 charles 后，要先进行汉化破解再打开，如果先打开了软件再汉化、就会无效，只能重新安装再进行以上步骤。

3. 安装 JAVA JDK

（1）下载 JAVA JDK。下载地址：https://www.oracle.com/java/technologies/downloads/。

（2）安装 JDK。按提示完成安装，注意安装位置。

（3）配置 JAVA 环境变量。在桌面右击"计算机"，选择"高级系统设置"→"环境变量"，打开环境变量配置页面，设置环境变量。

（4）验证安装情况。打开 cmd 命令行工具，输入 java -version，如果能查到版本信息，表明安装配置成功。

4. 安装 Android SDK Tools

（1）下载 Android SDK Tools。下载地址为 http://tools.android-studio.org/index.php/sdk，选择 Winddows 对应的 .exe 文件下载。

（2）安装 SDK Tools。按提示进行安装，注意文件包的安装路径。注意先单击选择左侧的 packages 包，然后单击右侧的 Accept License，依次分别选择并接受，等全部 Packages 包都变成绿色对号以后，再单击 Install 进行安装。

（3）配置 Android 环境变量。在系统环境变量添加 ANDROID_HOME，路径为 SDK 文件安装路径。

5. Appium 的安装

Appium 是移动端的自动化测试工具，类似于前面所说的 Selenium，利用它可以驱动 Android、iOS 等设备完成自动化测试，比如模拟点击、滑动、输入等操作。下面来了解一下 Appium 的安装方式。

1）Appium下载的链接

从 GitHub 网站、Appium 官网、Appium 官方文档网站下载 Appium。

2）安装 Appium

Appium 负责驱动移动端来完成一系列操作。同时，Appium 也相当于一个服务器，我们可以向它发送一些操作指令，它会根据不同的指令对移动设备进行驱动，以完成不同的动作。

安装 Appium 有两种方式：一种是直接下载安装包 Appium Desktop 来安装，另一种是通过 Node.js 来安装。

Appium Desktop 支持全平台的安装，我们直接从 GitHub 的 Releases 里面安装即可。Windows 平台可以下载 exe 安装包 appium-desktop-Setup-1.1.0.exe。

安装完成后运行，验证是否安装成功。

完成上述学习资料的学习后，根据自己的学习情况进行归纳总结，并填写学习笔记（表 5-1-4）。

表 5-1-4　学习笔记

主题		
内容		问题与重点
总结		

任务实施

对搭建 App 的爬取环境任务的实施过程如表 5-1-5 所示。

表 5-1-5　对搭建 App 的爬取环境任务的实施过程

按照步骤完成任务实施，具体的步骤为：安装 Charles →启动 Charles → Charles 证书配置→开启 SSL 监听→安装 JDK →安装 Android SDK Tools →安装 Appium →验证 Appium 安装是否成功→安装 模拟器。 本任务以 Windows 64 位系统为例进行爬虫环境的搭建，具体的实施过程如下：	
（1）安装 Charles	打开 Charles 官网下载 Charles，下载页面如图 5-1-1 所示。 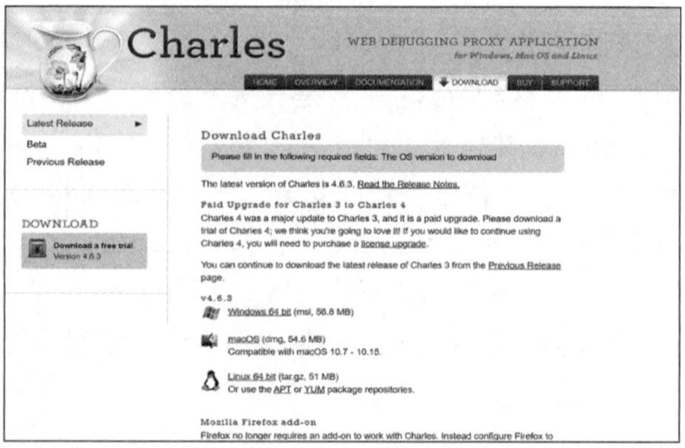 图 5-1-1　Charles 下载页面

|---|---|
（1）安装 Charles	在 Windows 下安装 Charles，双击打开 Charles，完成安装。打开 Charles，单击 HEIP → SSLProxying → Install Charles Root Certificate，配置 Charles 在 Windows 上的证书，如图 5-1-2 所示。 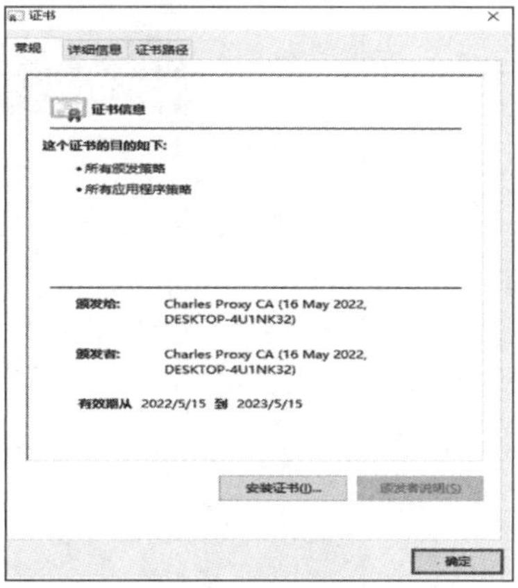 图 5-1-2　安装 Charles 证书
（2）下载 Java JDK	下载地址：https://www.oracle.com/java/technologies/downloads/，下载页面如图 5-1-3 所示。Windows 用户可以选择 Windows x64 进行下载，版本信息如图 5-1-4 所示。 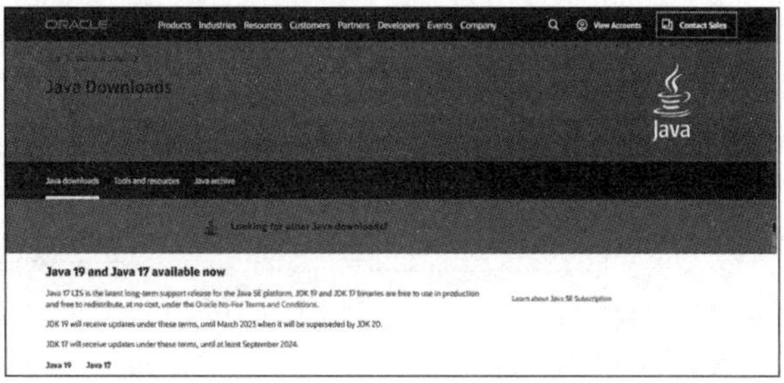 图 5-1-3　下载主页面 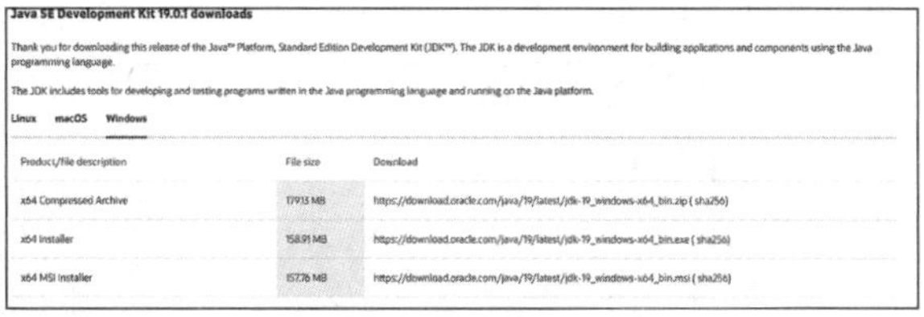 图 5-1-4　下载版本信息
（3）安装 JDK	按提示完成安装，注意安装位置，如图 5-1-5 ～图 5-1-7 所示。 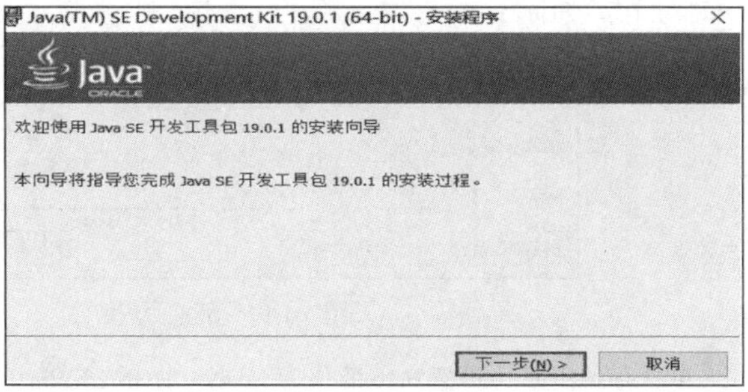 图 5-1-5　JDK 安装过程

项目五　App 的爬取

5-7

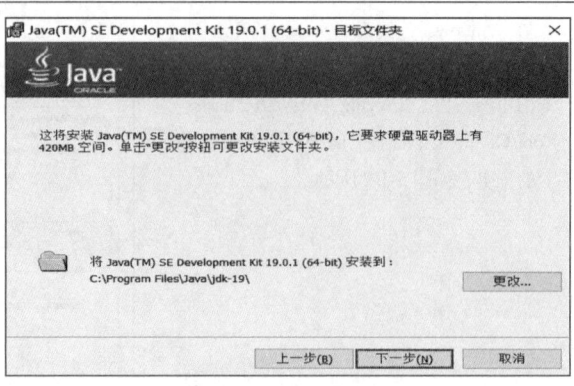

图 5-1-6 JDK 安装过程

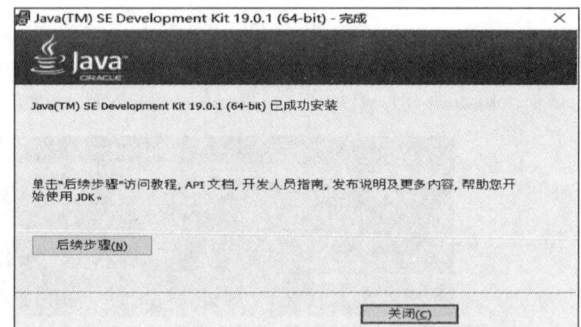

图 5-1-7 JDK 安装过程

（3）安装
JDK

配置 Java 环境变量。

在桌面右击"计算机"，选择"高级系统设置"→"环境变量"，打开环境变量配置页面，如图所 5-1-8 示。

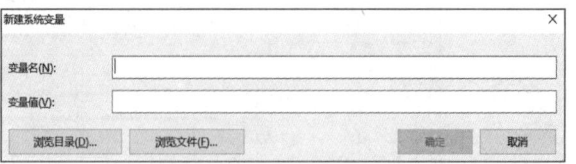

图 5-1-8 设置环境变量

图中设置的变量名为 JAVA_HOME，变量值为 C:\Program Files\Java\jdk-19，此处可以自己在安装时设定路径。新建系统变量如图 5-1-9 所示。

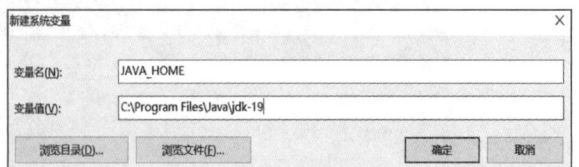

图 5-1-9 新建系统变量

单击环境变量，设置 Path 的值为 %JAVA_HOME%\bin 和 %JAVA_HOME%\jre\bin，如图 5-1-10 所示。

（3）安装 JDK	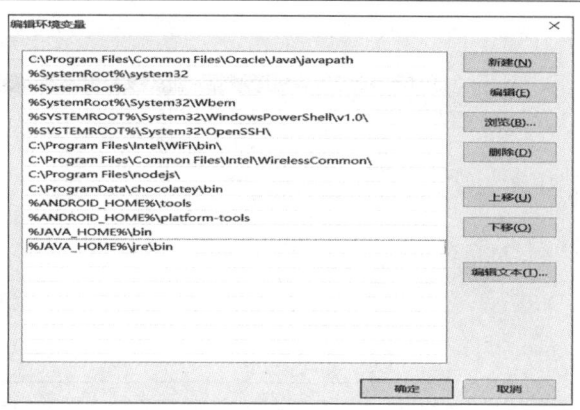图 5-1-10　设置系统变量 设置 CLASSPATH 值为 .;%JAVA_HOME%\lib;%JAVA_HOME%\lib\tools.jar，如图 5-1-11 所示。 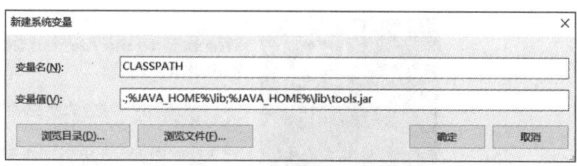图 5-1-11　设置系统变量 打开 cmd 命令行工具，输入 java -version，返回信息如图 5-1-12 所示，标识安装配置 成功。 图 5-1-12　验证 JDK 是否安装成功
（4）下载 Android SDK Tools	下载地址：http://tools.android-studio.org/index.php/sdk，下载页面如图 5-1-13 所示。 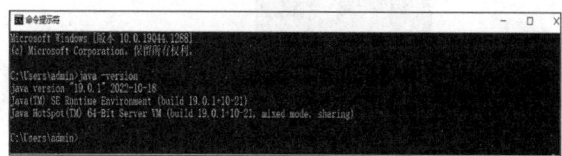图 5-1-13　Android SDK Tools 的下载页面

笔记栏

（4）下载 Android SDK Tools	选择 Windows 对应的 .exe 文件下载，如图 5-1-14 所示。 图 5-1-14　Android SDK Tools 的版本信息
（5）安装 SDK Tools	按提示进行安装，注意文件包的安装路径，Android SDK Tools 安装过程如图 5-1-15 和图 5-1-16 所示。 图 5-1-15　Android SDK Tools 安装过程 图 5-1-16　Android SDK Tools 安装过程

安装 pacakge 包，如图 5-1-17 所示，此处需要先单击选择左侧的 packages 包，然后单击右侧的 Accept License，依次分别选择并接受，等全部 Packages 包都变成绿色对号以后，再点击 Install 进行安装；等待全部安装完毕即可。

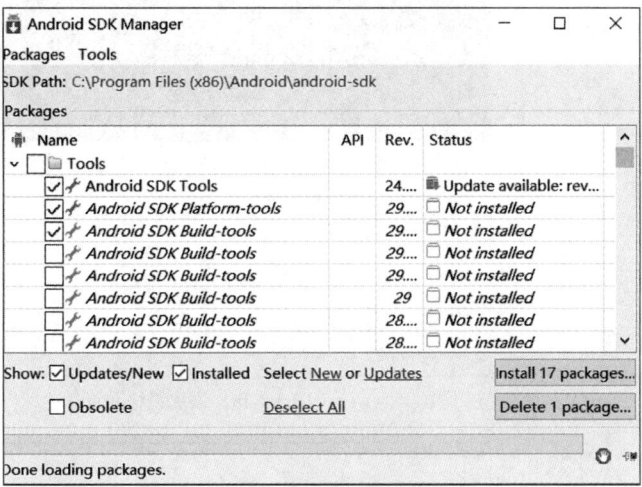

图 5-1-17　安装 pacakge 包

替换 UIAutomator。下载 uiautomatorviewer.jar 文件，之所以要配置 UIAutomator，是因为 Android SDK tools 包中原生的工具在获取元素时，不能很好地满足开发需求；在 \sdk\tools\lib* 目录下找到 uiautomatorviewer xxx.jar，复制该文件的文件名，将改文件移动到其他文件夹，将下载的 uiautomatorviewer.jar 复制进文件包，并用之前的文件名重新命名该文件。

替换 ADB，并配置 ANDROID 环境变量。ADB，即 Android Debug Bridge（安卓调试桥）tools。它就是一个命令行窗口，用于通过计算机端与模拟器或者真实设备交互；adb 命令可用于执行各种设备操作（例如安装和调试应用），并提供对 UNIX shell（可用来在设备上运行各种命令）的访问权限。它是一种客户端 - 服务器程序，包括以下三个组件：

客户端：用于发送命令。客户端在开发计算机上运行。可以通过发出 adb 命令来从命令行终端调用客户端。

守护进程 (adbd)：在设备上运行命令。守护进程在每个设备上作为后台进程运行。

服务器：管理客户端和守护进程之间的通信。服务器在开发机器上作为后台进程运行。

adb 包含在 Android SDK 平台工具软件包中，需要使用 SDK 管理器下载此软件包，该管理器会将其安装在 android_sdk/platform-tools/ 下。

利用如下指令完成相关操作，查看 adb 的版本信息，如图 5-1-18 所示。

adb devices：查看 adb 已连接的设备。

adb kill-server：关闭 adb 服务。

adb start-server：启动 adb 服务。

配置 ANDROID 环境变量。在系统环境变量添加 ANDROID_HOME，路径为 SDK 文件安装路径，如图所示 5-1-19 所示。

在 path 中添加两行内容，即 %ANDROID_HOME%\tools 和 %ANDROID_HOME%\platform-tools，如图 5-1-20 所示。

（5）安装 SDK Tools

 笔记栏

续表

（5）安装 SDK Tools	 图 5-1-18　查看 adb 版本信息 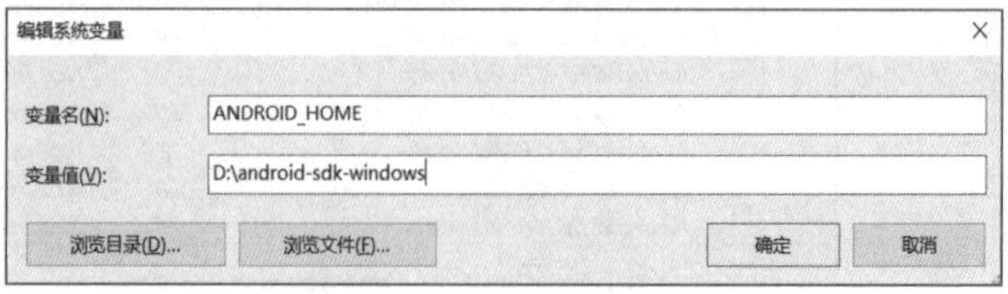 图 5-1-19　添加系统变量 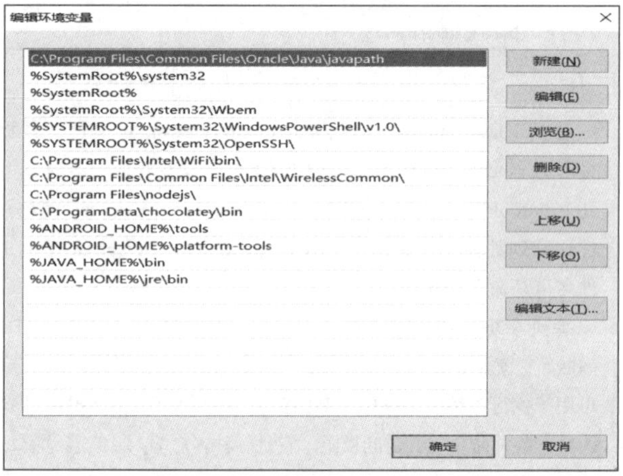 图 5-1-20　编辑环境变量
（6）安装 Appium	Appium 软件下载地址：https://github.com/appium/appium-desktop/releases，版本情况如图 5-1-21 所示。 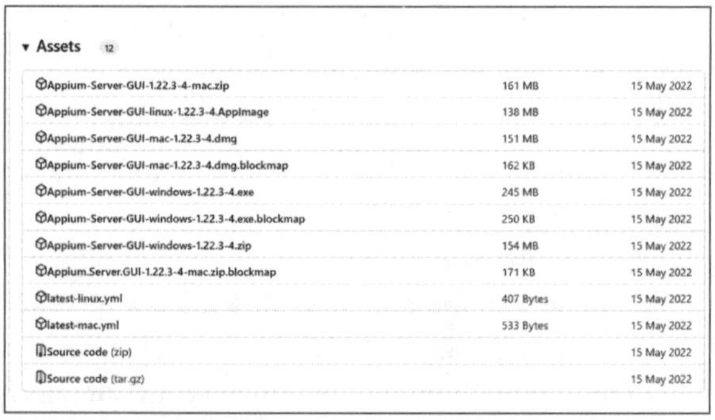 图 5-1-21　Appium 软件版本情况

续表 笔记栏

（6）安装 Appium	安装 Appium。下载成功，双击软件，然后按照步骤进行安装，如图 5-1-22 所示。 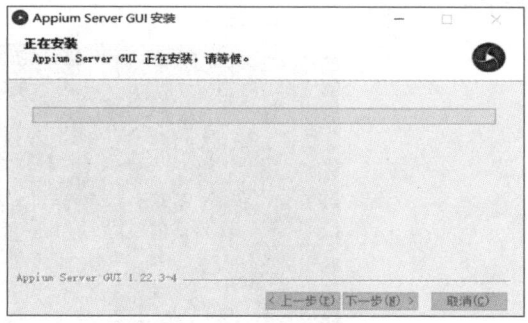 图 5-1-22 Appium 安装过程 启动。安装成功后启动软件，如图 5-1-23 所示。 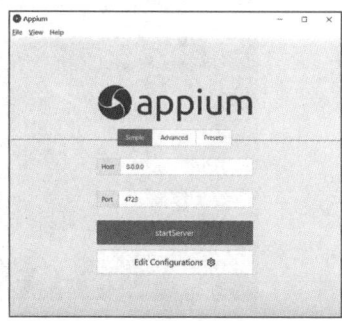 图 5-1-23 启动 Appium
（7）安装模拟器	首先选中夜神安卓模拟器安装程序，如图 5-1-24 所示。  nox_setup_v6.6.1.2_full.exe 图 5-1-24 夜神安卓模拟器安装程序 双击打开安装程序，单击自定义安装选项，选择安装路径，进行夜神安卓模拟器的安装，如图 5-1-25 所示。  图 5-1-25 选择安装路径

（7）安装模拟器	选择软件安装的目录，然后单击"确定"按钮返回，然后单击"立即安装"按钮，如图 5-1-26 所示。  图 5-1-26　安装夜神安卓模拟器 稍等一会后，打开图 5-1-27 界面，可以看到软件提示已经安装完成了。  图 5-1-27　夜神安卓模拟器安装成功

任务评价

上述任务完成后，填写表 5-1-6，对知识点掌握情况进行自我评价，并进行学习总结。

表 5-1-6　自我评价、总结表

任务 1	App 爬虫环境搭建自我测评与总结		
考核项目	任务知识点	自我评价	学习总结
App 爬虫的流程	App 爬虫的基本流程	□ 没有掌握 □ 基本掌握 □ 完全掌握	
Charles 安装	安装 Charles	□ 没有掌握 □ 基本掌握 □ 完全掌握	
	启动 Charles	□ 没有掌握 □ 基本掌握 □ 完全掌握	

考核项目	任务知识点	自我评价	学习总结
Charles 安装	Charles 证书配置	□ 没有掌握 □ 基本掌握 □ 完全掌握	
	开启 SSL 监听	□ 没有掌握 □ 基本掌握 □ 完全掌握	
安装 JDK	安装 JDK	□ 没有掌握 □ 基本掌握 □ 完全掌握	
安装 Android SDK Tools	安装 Android SDK Tools	□ 没有掌握 □ 基本掌握 □ 完全掌握	
安装模拟器	安装模拟器	□ 没有掌握 □ 基本掌握 □ 完全掌握	
Appium 的安装	安装 Appium	□ 没有掌握 □ 基本掌握 □ 完全掌握	
	验证 Appium 安装是否成功	□ 没有掌握 □ 基本掌握 □ 完全掌握	

本任务结束后，填写表 5-1-7 进行小组评价、教师评价，并反馈学习、实践中存在的问题。

表 5-1-7　任务评价表

任务 1		App 爬虫环境搭建		
序号	检查项目	检查标准	小组评价	教师评价
1	App 爬虫的基本流程	• 能否说明 App 爬虫的基本流程		
2	Charles 安装	• 能否掌握爬虫的基本流程 • 能否安装 Charles • 能否启动 Charles • 能否进行 Charles 证书配置 • 能否开启 SSL 监听		

📝 **笔记栏**

续表

序号	检查项目	检查标准	小组评价	教师评价
3	安装 JDK	• 是否能自行完成 JDK 包的下载 • 是否成功完成 JDK 包的安装 • 掌握检查 JDK 是否安装成功的方法		
4	安装 Android SDK Tools	• 是否能自行完成 Android SDK Tools 包的下载 • 是否成功完成 Android SDK Tools 包的安装 • 掌握检查 Android SDK Tools 是否安装成功的方法		
5	安装模拟器	• 是否能自行完成模拟器包的下载 • 是否成功完成模拟器包的安装 • 掌握检查模拟器是否安装成功的方法		
6	Appium 的安装	• 是否能自行完成 Appium 的安装 • 掌握检查 Appium 是否安装成功的方法		
检查评价	班　级		第　组	组长签字
	教师签字		日　期	
	评语:			

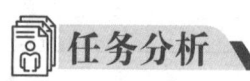

任务 2 爬取微博主页推荐信息

📑 **任务分析**

对爬取微博主页推荐信息任务进行分析，如表 5-2-1 所示。

表 5-2-1　任务分析

任务 2	爬取微博主页推荐信息	学时	6
典型工作过程描述	使用 Charles 抓包工具对爬取微博主页推荐信息数据接口进行分析，分析获取数据请求接口及构造参数等，通过 Appium 工具控制 App 翻页滑动等操作，对数据包进行解析，并将数据保存		
任务目标	了解爬虫的基本原理和流程，根据爬虫爬取 App 数据的需要搭建爬虫环境		

续表 笔记栏

任务 2	爬取微博主页推荐信息	学时	6
任务描述	使用 Charles 抓包工具对微博主页推荐信息数据接口进行分析，分析获取数据请求接口及构造参数等，通过 Appium 工具控制 App 翻页滑动等操作，对数据包进行解析，并将数据保存。 重点： ①使用 Charles 抓包。 ②对数据接口进行分析。 ③ Appium 工具控制 App 翻页滑动。 ④解析并保存数据。 难点：Appium 工具控制 APP 翻页滑动		
工作思路	执行流程：使用 Charles 抓包工具对微博主页推荐信息数据接口进行分析→分析获取数据请求接口及构造参数等→通过 Appium 工具控制 App 翻页滑动等操作，对数据包进行解析，并将数据保存 设计过程：使用 Charles 抓包→对数据接口进行分析→对微博主页推荐信息数据进行解析→控制 APP 翻页滑动		
任务要求	学会 App 爬虫所需要环境的搭建。 • 使用 Charles 抓包工具对微博主页推荐信息数据接口进行分析，分析获取数据请求接口及构造参数等。 • 根据利用 Python 进行爬虫的逻辑，通过 Appium 工具控制 App 翻页滑动等操作，对数据包进行解析，并将数据保存		

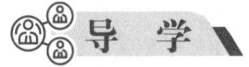 **导 学**

1. 任务导学

为了完成利用 Appium 对微博主页推荐信息进行爬虫，请先按照导学信息进行相关知识点的学习，掌握一定的操作技能，然后进行任务的实施，并对实施的效果进行评价。本任务知识和技能的导学单见表 5-2-2。

表 5-2-2　爬取微博主页推荐信息导学单

任务名称	任务和技能要求
爬取微博主页推荐	App爬虫 — Charles抓包 — ★ Charles抓包分析 / ★ 设置代理端口 — 手机端设置抓包代理 — ★ 设置代理为手动代理 / ★ 设置代理端口 — 手机抓包 — ★ 手机抓包抓取数据 / ★ 数据存储

笔记栏

2. 引导性问题

（1）App 常用抓包工具有哪些？

_____

_____

_____

（2）如何进行手机 App 的数据爬取？

_____

_____

_____

3. 探究性问题

（1）本次是在 Windows 下搭建环境的，那么如何在 Linux 下搭建环境呢？

_____

_____

_____

（2）请整理出 App 爬取过程中出现的问题。

_____

_____

_____

学习资料

1. Charles 简介

Charles简介

Charles 是一个 HTTP 代理服务器、HTTP 监视器、反转代理服务器，当浏览器连接 Charles 的代理时，Charles 可以监控浏览器发送和接收的所有数据，包括 Request、Response 和 HTTP headers（包含 Cookies 与 Caching 信息）。Charles 通过将自己设置成系统的网络访问代理服务器，使得所有的网络访问请求都通过它来完成，从而实现了网络封包的截取和分析。为了调试与服务器端的网络通信协议，常常需要截取网络封包来分析，Charles 是在 PC 端常用的网络封包截取工具，除了在做移动开发中调试端口外，Charles 也可以用于分析第三方应用的通信协议，配合 Charles 的 SSL 功能，Charles 还可以分析 HTTPS 协议。

1）Charles 主界面

Charles 的主界面视图如图 5-2-1 所示。

图 5-2-1　Charles 的主界面视图

2）工具导航栏

Charles 顶部为菜单导航栏，菜单导航栏下面为工具导航栏，如图 5-2-2 所示。

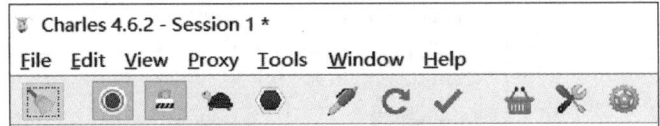

图 5-2-2　Charles 菜单导航栏

Charles 的工具导航栏中提供了几种常用工具：

- ：清除捕获到的所有请求。
- ：可以控制 SSL 代理的开关。
- ：红点状态说明正在捕获请求，灰色状态说明目前没有捕获请求。
- ：灰色状态说明是没有开启网速节流，绿色状态说明开启了网速节流。
- ：灰色状态说明是没有开启断点，红色状态说明开启了断点。
- ：编辑修改请求，点击之后可以修改请求的内容。
- ：重复发送请求，点击之后选中的请求会被再次发送。
- ：验证选中的请求的响应。
- ：如果是使用版的情况下购买许可证。
- ：常用功能，包含了 Tools 菜单中的常用功能。
- ：常用设置，包含了 Proxy 菜单中的常用设置。

3）主界面视图

Charles 提供两种查看封包的视图，分别名为 Structure 和 Sequence，Structure 视图将网络请求按访问的域名分类。Sequence 视图将网络请求按访问的时间排序。使用时可以根据具体情况在这两种视图之间切换，Charles 提供了一个简单的 Filter 功能，可以输入关键字来快速筛选出 URL 中带指定关键字的网络请求。对于某一个具体的网络请求，可以查看其详细的请求内容和响应内容。如果请求内容是 POST 的表单，Charles 会自动将表单进行分项显示。如果响应内容是 JSON 格式的，那么 Charles 可以自动将 JSON 内容格式化，方便查看。如果响应内容是图片，Charles 可以显示出图片的预览。

4）Charles 菜单介绍

Charles 的主菜单包括：File、Edit、View、Proxy、Tools、Window、Help，在这里主要介绍 Proxy 和 Tools 菜单。

（1）Proxy 菜单。Charles 是一个 HTTP 和 SOCKS 代理服务器。代理请求和响应使 Charles 能够将请求从客户端传递到服务器时检查和更改请求，能够从服务器传递到客户端时的响应，Charles 提供的一些代理功能，Proxy 菜单的视图如图 5-2-3 所示。

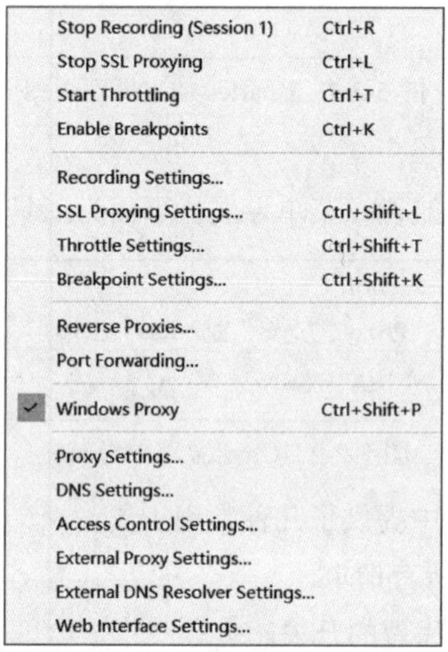

Stop Recording (Session 1)	Ctrl+R
Stop SSL Proxying	Ctrl+L
Start Throttling	Ctrl+T
Enable Breakpoints	Ctrl+K
Recording Settings...	
SSL Proxying Settings...	Ctrl+Shift+L
Throttle Settings...	Ctrl+Shift+T
Breakpoint Settings...	Ctrl+Shift+K
Reverse Proxies...	
Port Forwarding...	
✓ Windows Proxy	Ctrl+Shift+P
Proxy Settings...	
DNS Settings...	
Access Control Settings...	
External Proxy Settings...	
External DNS Resolver Settings...	
Web Interface Settings...	

图 5-2-3　Charles 的 Proxy 菜单视图

Proxy 菜单包含以下功能：
- Start/Stop Recording：开始 / 停止记录会话。
- Start/Stop Throttling：开始 / 停止节流。
- Enable/Disable Breakpoints：开启 / 关闭断点模式。
- Recording Settings：记录会话设置。
- Throttle Settings：节流设置。
- Breakpoint Settings：断点设置。
- Reverse Proxies：反向代理设置。
- Port Forwarding：端口转发。
- Windows Proxy：记录计算机上的所有请求。
- Proxy Settings：代理设置。
- SSL Proxying Settings：SSL 代理设置。
- Access Control Settings：访问控制设置。

- External Proxy Settings：外部代理设置。
- Web Interface Settings：Web 界面设置。

（2）Tools 菜单。Charles 是一个 HTTP 和 SOCKS 代理服务器，所有的请求都会经过 Charles。下面主要介绍 Charles 提供的一些实用工具。Tools 菜单的视图如图 5-2-4 所示。

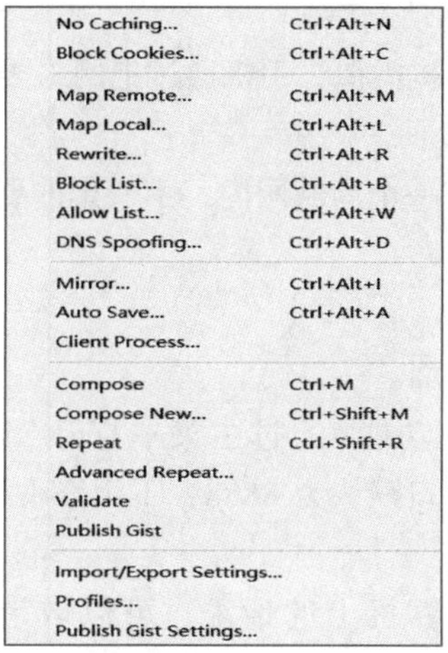

No Caching...	Ctrl+Alt+N
Block Cookies...	Ctrl+Alt+C
Map Remote...	Ctrl+Alt+M
Map Local...	Ctrl+Alt+L
Rewrite...	Ctrl+Alt+R
Block List...	Ctrl+Alt+B
Allow List...	Ctrl+Alt+W
DNS Spoofing...	Ctrl+Alt+D
Mirror...	Ctrl+Alt+I
Auto Save...	Ctrl+Alt+A
Client Process...	
Compose	Ctrl+M
Compose New...	Ctrl+Shift+M
Repeat	Ctrl+Shift+R
Advanced Repeat...	
Validate	
Publish Gist	
Import/Export Settings...	
Profiles...	
Publish Gist Settings...	

图 5-2-4　Charles 的 Tools 菜单

Tools 菜单包含以下功能：
- No Caching：禁用缓存设置。
- Block Cookies：禁用 Cookie 设置。
- Map Remote：远程映射设置。
- Map Local：本地映射设置。
- Rewrite：重写设置。
- Black List：黑名单设置。
- White List：白名单设置。
- DNS Spoofing：DNS 欺骗设置。
- Mirror：镜像设置。
- Auto Save：自动保存设置。
- Client Process：客户端进程设置。
- Compose：编辑修改。
- Repeat：重复发包。
- Advanced Repeat：高级重复发包。
- Validate：验证。
- Publish Gist：发布要点。
- Import/Export Settings：导入 / 导出设置。
- Profiles：配置文件。
- Publish Gist Settings：发布要点设置。

笔记栏

5）通过 Charles 进行 PC 端抓包

Charles 会自动配置浏览器和工具的代理设置，所以说打开工具后就已经是抓包状态了。只需要保证以下几点即可：

- 确保 Charles 处于 Start Recording 状态。
- 勾选 "Proxy" | "Windows Proxy" 和 "Proxy" | "Mozilla FireFox Proxy"。

6）通过 Charles 进行移动端抓包

手机抓包的原理和计算机类似，手机通过把网络委托给 Charles 进行代理与服务端进行对话。具体步骤如下：

（1）使手机和计算机在一个局域网内，不一定非要是一个 IP 段，只要是在同一个路由器下即可。

（2）计算机端配置：

①关掉计算机端的防火墙。

②打开 Charles 的代理功能：通过主菜单打开 "Proxy" → "Proxy Settings" 对话框，填入代理端口（端口默认为 8888，不用修改），勾选 "Enable transparent HTTP proxying"。

③如果不需要抓取计算机上的请求，可以取消勾选 "Proxy" | "Windows Proxy" 和 "Proxy" | "Mozilla FireFox Proxy"。

（3）手机端配置：

①通过 Charles 的主菜单 "Help" → "Local IP Address"，或者通过命令行工具输入 ipconfig 查看本机的 IP 地址。

②设置代理：打开手机端的 Wi-Fi 代理设置，输入计算机 IP 和 Charles 的代理端口。

③设置好之后，打开手机上的任意需要网络请求的程序，就可以看到 Charles 弹出手机请求连接的确认菜单（只有首次弹出），单击 "Allow" 即可完成设置。

完成以上步骤，就可以进行抓包了。

7）通过 Charles 进行 HTTPS 抓包

HTTPS 的抓包需要在 HTTP 抓包基础上再进行设置，需要完成以下步骤：

HTTP 抓包配置：

- 计算机端安装 Charles 证书，通过 Charles 的主菜单 "Help" → "SSL Proxying" → "Install Charles Root Certificate" 安装证书。
- 设置 SSL 代理：通过主菜单打开 "Proxy" → "SSL Proxy Settings" 对话框，勾选 "Enable SSL proxying"。
- 移动端安装 Charles 证书：通过 Charles 的主菜单 "Help" → "SSL Proxying" → "Install Charles Root Certificate on a Mobile Device or Remote Browser" 安装证书。

设置好之后，打开手机上的任意需要网络请求的程序，就可以看到 Charles 弹出手机请求连接的确认菜单（只有首次弹出），单击 "Allow" 即可完成设置。

完成以上步骤，就可以进行 HTTPS 抓包了。

知识应用练一练: 练习使用 Charles 进行抓包。

（1）进行 Web 抓包，抓取 www.baidu.com 网页信息。启动 Charles 会自动与浏览器设置成代理，不需要进行过多的设置，在浏览器中输入 www.baidu.com 并回车确认，此时就发送了一个网络请求，Charles 就会直接抓取到这些信息和响应信息。在 structure 视图中单击链接 https://www.baidu.com，此时就可以查看到请求和响应信息，如图 5-2-5 所示。

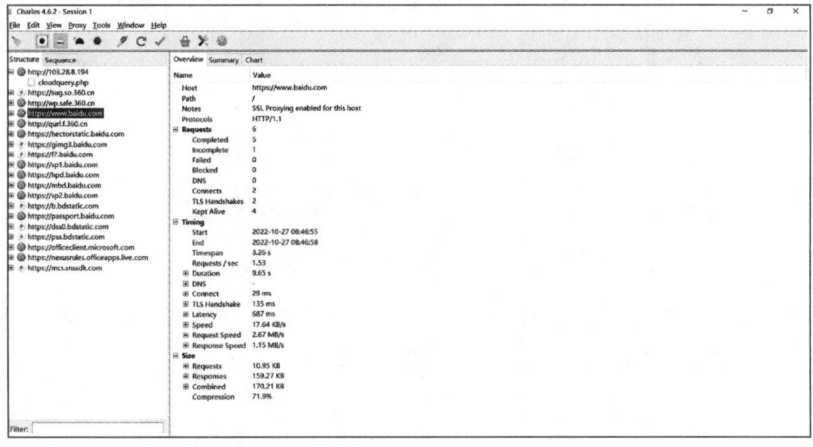

图 5-2-5　Charles 抓取的信息和响应

（2）Web 抓取 HTTPS 协议。虽然现在 Charles 能够直接抓包了，但是 HTTPS 协议的包我们是抓取不了的，需要安装 SSL 证书才可以。

Charles 下单击顶部菜单栏"Help"→选择"SSL Proxying"，单击"install Charles Root Certificate"安装 Charles 根证书即可，如图 5-2-6 所示，一直单击"下一步"按钮就可以完成证书安装。

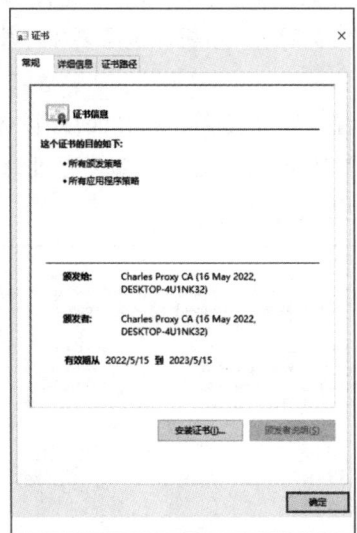

图 5-2-6　Charles 的证书安装

单击 "Proxy" → " SSL Proxying Settings"，在弹出对话框中，勾选 "Enable SSL Proxying"，如图 5-2-7 所示。

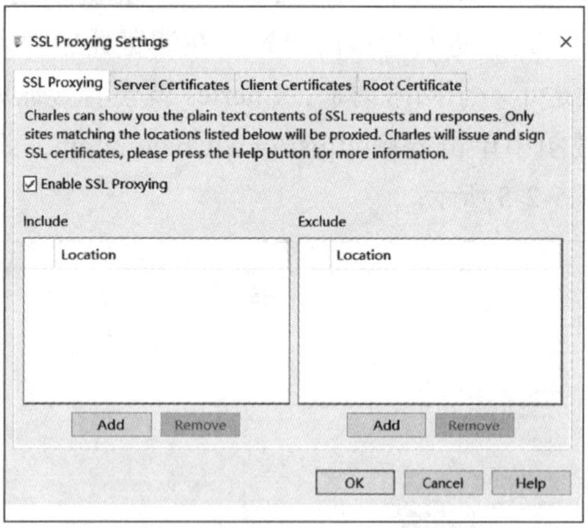

图 5-2-7　设置 SSL Proxying Settings

单击 "add" 按钮，在 Host 中输入 "*" 表示接收任何主机，在 Prot 中输入 "443"，最后单击 "OK" 按钮保存，如图 5-2-8 所示。

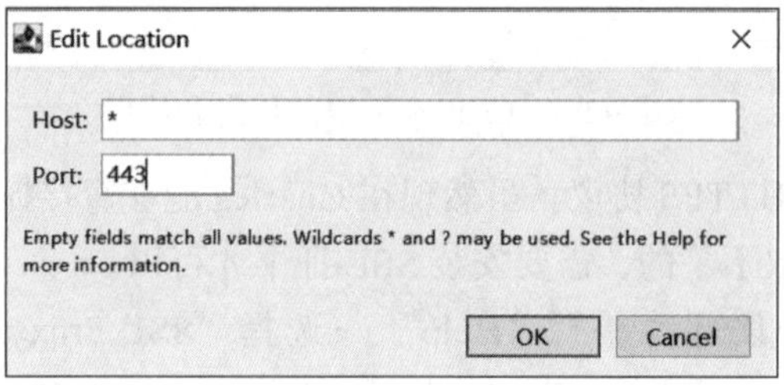

图 5-2-8　配置主机和端口

（3）App 抓包。Charles 抓包不仅仅可以抓取在计算机端的 HTTP 请求，也能够抓取来自 App 发出的 HTTP 请求，手机抓包需要在计算机端配置，保持手机和计算机在同一网络。

先进行计算机端的配置。启动安装好的 Charles 抓包工具，单击 "Help"，选择 "local IP Address" 获取 IP 地址，也可以直接通过计算机自带的 CMD 命令来查看本机的 IP，如图 5-2-9 所示。

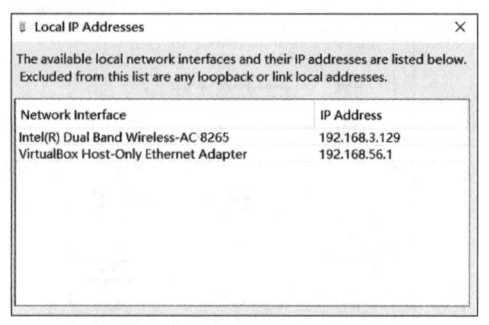

图 5-2-9　查看本机的 IP

单击"Proxy",选择"Proxy Settings",设置端口号为 9999,如图 5-2-10 所示,单击"OK"按钮。

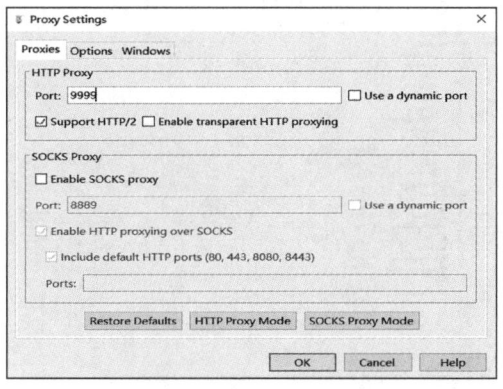

图 5-2-10 Proxy Settings 设置

接着进行手机端设置,打开手机的设置页面,选择"无线局域网",如图 5-2-11 所示。

单击"WLAN",长按已经连接的 WLAN,选择"修改网络",如图 5-2-12 所示。

图 5-2-11 手机端设置无线局域网界面

图 5-2-12 修改手机网络

点击"修改网络",勾选"显示高级选项",如图 5-2-13 所示。

点击"代理",选择手动输入本机 IP 地址"192.168.3.129"以及端口号"9999",点击"保存"。接下来验证手机请求,当打开今日头条,就可以抓取头条的网页,如图 5-2-14 所示。

(4)抓取手机 HTTPS 协议。通过上面的设置,可以抓取手机端的 HTTP 协议请求,但是不能抓取 HTTPS 协议的包,需要安装配置证书。

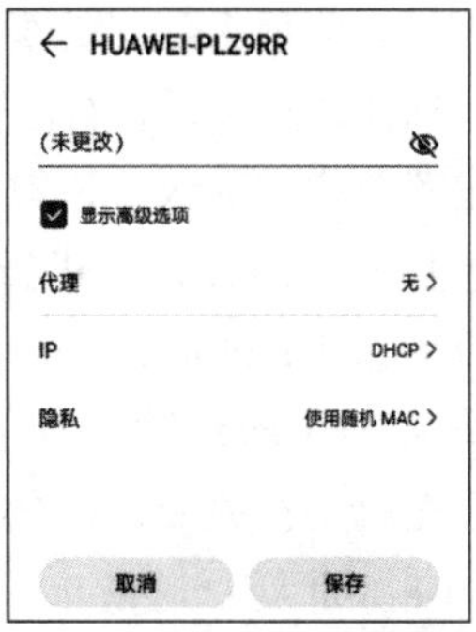

图 5-2-13 手机端设置代理界面

笔记栏

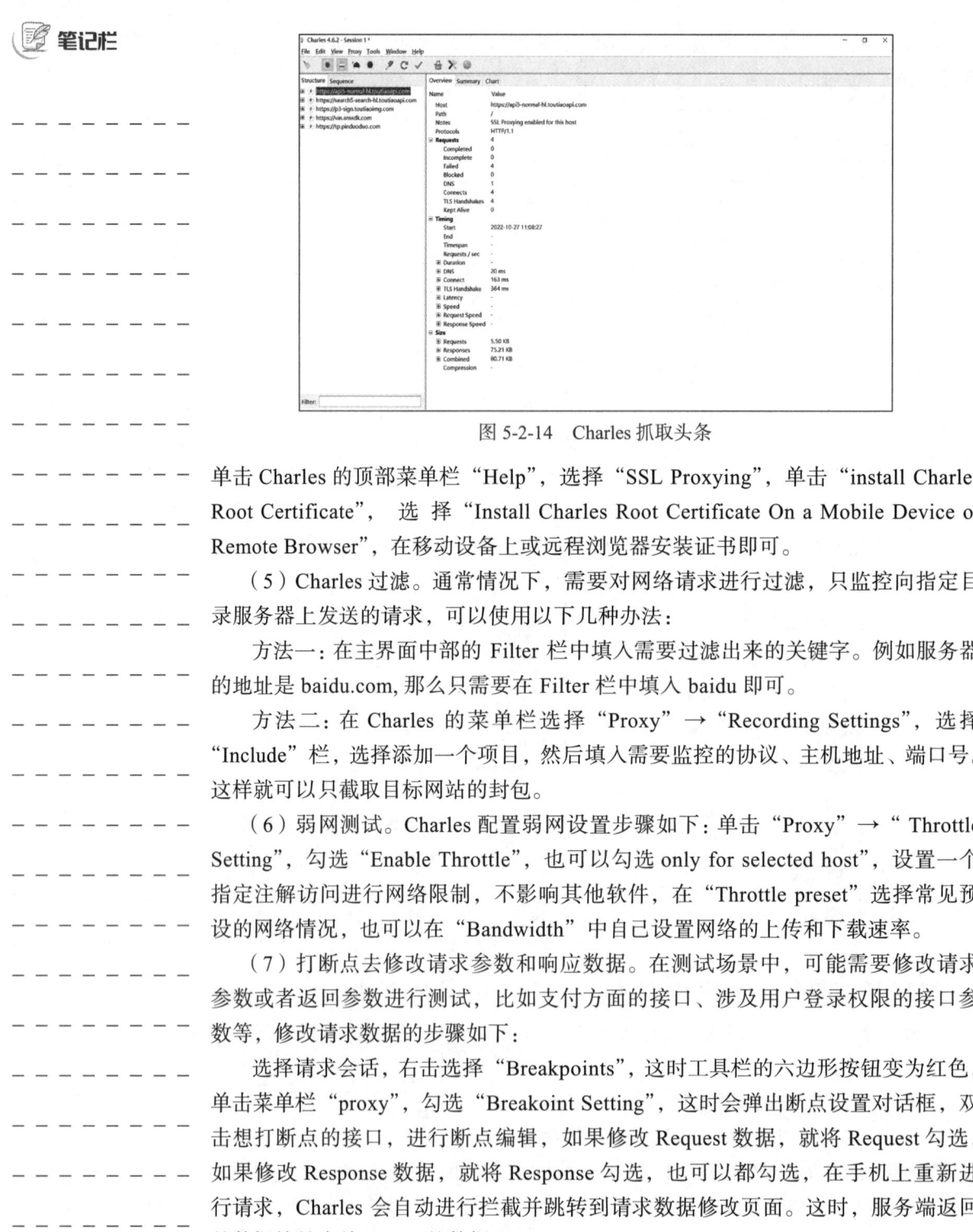

图 5-2-14　Charles 抓取头条

单击 Charles 的顶部菜单栏 "Help"，选择 "SSL Proxying"，单击 "install Charles Root Certificate"，选择 "Install Charles Root Certificate On a Mobile Device or Remote Browser"，在移动设备上或远程浏览器安装证书即可。

（5）Charles 过滤。通常情况下，需要对网络请求进行过滤，只监控向指定目录服务器上发送的请求，可以使用以下几种办法：

方法一：在主界面中部的 Filter 栏中填入需要过滤出来的关键字。例如服务器的地址是 baidu.com，那么只需要在 Filter 栏中填入 baidu 即可。

方法二：在 Charles 的菜单栏选择 "Proxy" → "Recording Settings"，选择 "Include" 栏，选择添加一个项目，然后填入需要监控的协议、主机地址、端口号。这样就可以只截取目标网站的封包。

（6）弱网测试。Charles 配置弱网设置步骤如下：单击 "Proxy" → " Throttle Setting"，勾选 "Enable Throttle"，也可以勾选 only for selected host"，设置一个指定注解访问进行网络限制，不影响其他软件，在 "Throttle preset" 选择常见预设的网络情况，也可以在 "Bandwidth" 中自己设置网络的上传和下载速率。

（7）打断点去修改请求参数和响应数据。在测试场景中，可能需要修改请求参数或者返回参数进行测试，比如支付方面的接口、涉及用户登录权限的接口参数等，修改请求数据的步骤如下：

选择请求会话，右击选择 "Breakpoints"，这时工具栏的六边形按钮变为红色，单击菜单栏 "proxy"，勾选 "Breakoint Setting"，这时会弹出断点设置对话框，双击想打断点的接口，进行断点编辑，如果修改 Request 数据，就将 Request 勾选，如果修改 Response 数据，就将 Response 勾选，也可以都勾选，在手机上重新进行请求，Charles 会自动进行拦截并跳转到请求数据修改页面。这时，服务端返回的数据就是有关 jmeter 的数据。

（8）重复发送请求。后端调试的过程中，一直在客户端进行操作比较麻烦，此时直接发送请求更变于查看调试后的结果（方便后端调试），重复发送一个请求有两种方法：一种方法是选定要重复发送的请求，右击 repeat，则会将请求重新发送一遍；另外一种方法是选定要重复发送的请求，直接点击导航栏上面的"重新"按钮，重新发送该请求。

（9）Compose 编辑接口。在测试时，可能需要发送不同的参数进行请求。选择需要修改的请求，右击"Compose"，这时多出一次请求。

（10）服务器压力测试。可以使用 Charles 的 Repeat 功能来简单地测试服务器的并发处理能力，在要进行压力测试的网络请求上（POST 或 GET 请求均可）右击，然后选择"Repeat Advanced"命令，在弹的对话框中，输入并发线程数以及压力次数，单击"OK"按钮进行测试。

（11）本地映射。映射就是指将一个请求重定向到另外一个请求，本地映射的含义就是通过修改已有数据来映射指定的接口，使接口数据使用本地设置的数据来做调试。

（12）远程映射。远程映射的含义就是将本地的请求地址映射到另外一个远程地址上，相当于请求地址修改了。

完成上述学习资料的学习后，根据自己的学习情况进行归纳总结，并填写学习笔记（表 5-2-3）。

表 5-2-3 学习笔记

主题		
内容		问题与重点
总结		

2. Appium 简介

1）Appium框架概况

Appium 是一个开源的、跨平台的自动化测试框架，该框架适用于 Native Application、Mobile Web Application 或 Hybrid Application 的自动化测试。Native

Application 指的是基于智能手机本地操作系统（iOS 和 Android）并使用原生编程语言（如 Android 上使用 Java）编写并运行的第三方应用程序。Mobile Web Application 指的是基于 Web 的系统和应用。Hybrid Application 指的是在手机原生应用程序中嵌入了 Webview，通过 Webview 可以访问网页的内容。

2）Appium架构原理

Appium 是在手机操作系统自带的测试框架基础上实现的，Android 和 iOS 的系统上使用的工具分别如下：

• Android（版本 >4.2）:UIAutomator, Android 4.2 之后系统自带的 UI 自动化测试工具。

• iOS:UIAutomation, iOS 系统自带的 UI 自动化测试工具。

Appium 的架构原理如图 5-2-15 所示，由客户端（Appium Client）和服务器（Appium Server）两部分组成，客户端与服务器端通过 JSON Wire Protocol 进行通信。

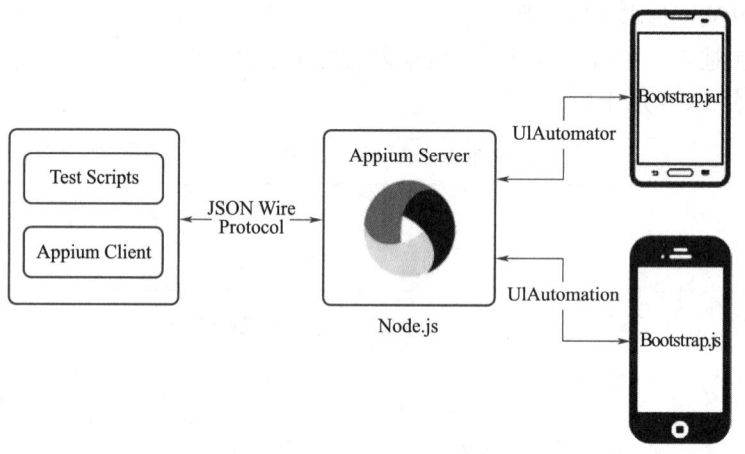

图 5-2-15　Appium 的架构原理图

• Appium 服务器：Appium 服务器是 Appium 框架的核心。它是一个基于 Node.js 实现的 HTTP 服务器。Appium 服务器的主要功能是接受从 Appium 客户端发起的连接，监听从客户端发送来的命令，将命令发送给 bootstrap.jar（iOS 手机为 bootstrap.js）执行，并将命令的执行结果通过 HTTP 应答反馈给 Appium 客户端。

• Bootstrap.jar: Bootstrap.jar 是在 Android 手机上运行的一个应用程序，它在手机上扮演 TCP 服务器的角色。当 Appium 服务器需要运行命令时，Appium 服务器会与 Bootstrap.jar 建立 TCP 通信，并把命令发送给 Bootstrap.jar; Bootstrap.jar 负责运行测试命令。

• Appium 客户端：它主要是指实现了 Appium 功能的 WebDriver 协议的客户端 Library，它负责与 Appium 服务器建立连接，并将测试脚本的指令发送到 Appium 服务器。现有的客户端 Library 有多种语言的实现，包括 Ruby、Python、

 笔记栏

Java、JavaScript（Node. js）、Object C、PHP 和 C#。Appium 的 测 试 是 在 这 些 Library 的基础上进行开发的。

· Session：Appium 的客户端和服务端之间进行通信都必须在一个 Session 的上下文中进行。客户端在发起通信的时候首先会发送一个叫作"Desired Capabilities"的 JSON 对象给服务器。服务器收到该数据后，会创建一个 session 并 将 session 的 ID 返回到客户端。之后客户端可以用该 session 的 ID 发送后续的命令。

· Desired Capabilities：Desired Capabilities 是一组设置的键值对的集合，其 中键对应设置的名称，而值对应设置的值。Desired Capabilities 主要用于通知 Appium 服务器建立需要的 Session，其中一些设置可以在 Appium 运行过程中改 变 Appium 服务器的运行行为。

Appium 在 Android 上基于 UIAutomator 实现了测试的代理程序（Bootstrap. jar），在 iOS 上基于 UIAutomation 实现了测试的代理程序（Bootstrap.js）。当测 试脚本运行时，每行 WebDriver 的脚本都将转换成 Appium 的指令发送给 Appium 服务器，而 Appium 服务器将测试指令交给代理程序，将由代理程序负责执行测 试。比如脚本上的一个点击操作，在 Appium 服务器上都是 touch 指令，当指令 发送到 Android 系统上时，Android 系统上的 Bootstrap.jar 将调用 UIAutomator 的 方法实现点击操作；而当指令发送到 iOS 系统上时，iOS 的 Bootstrap.js 将调用 UIAutomation 的方法实现点击操作。由于 Appium 有了这样的能力，同样的测试 脚本可以实现跨平台运行。

任务实施

微博主页推荐信息和评论任务实施过程如表 5-2-4 所示。

表 5-2-4 微博主页推荐信息实施过程

本任务主要是抓取微博主页推荐信息，包括微博博主的名称信息、微博内容等，将博主的昵称、评论正文、评论日期、发表图片都提取，组成一条评论数据，最后保存数据。具体的实施过程如下：	
（1）Charles 抓取 App 运行过程中的网络数据包	请确保已经正确安装 Charles 并开启了代理服务，手机和 Charles 处于同一个局域网下，Charles 代理和 Charles CA 证书设置好。 首先将 Charles 运行在自己的 PC 上，Charles 运行的时候会在 PC 的 8888 端口开启一个代理服务，这个服务实际上是一个 HTTP/HTTPS 的代理。 确保手机和 PC 在同一个局域网内，可以使用手机模拟器通过虚拟网络连接，也可以使用手机真机和 PC 通过无线网络连接。 设置手机代理为 Charles 的代理地址，这样手机访问互联网的数据包就会流经 Charles，Charles 再转发这些数据包到真实的服务器，服务器返回的数据包再由 Charles 转发回手机，Charles 就起到中间人的作用，所有流量包都可以捕捉到，因此所有 HTTP 请求和响应都可以捕获到。同时 Charles 还有权利对请求和响应进行修改。

📝 笔记栏

	以新浪微博为例，通过 Charles 抓取 App 运行过程中的网络数据包，然后查看具体的 Request 和 Rseponse 内容，以此来了解 Charles 的用法。 初始状态，监听按钮红色，表示打开，灰色，表示关闭，如图 5-2-16 所示。 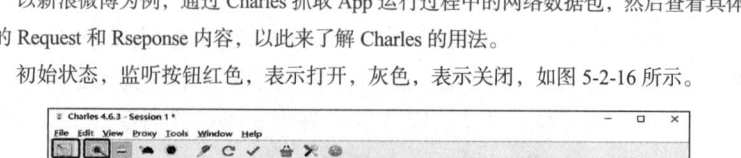 图 5-2-16　Charles 的初始状态
（1）Charles 抓取 App 运行过程中的网络数据包	Charles 监听手机发生的网络数据包，捕获到的数据包显式在左侧，随着时间的推移，捕获到的数据包会越来越多，左侧列表内容也会越来越多；单击左侧条目，右侧显示请求的详细信息，如图 5-2-17 所示。 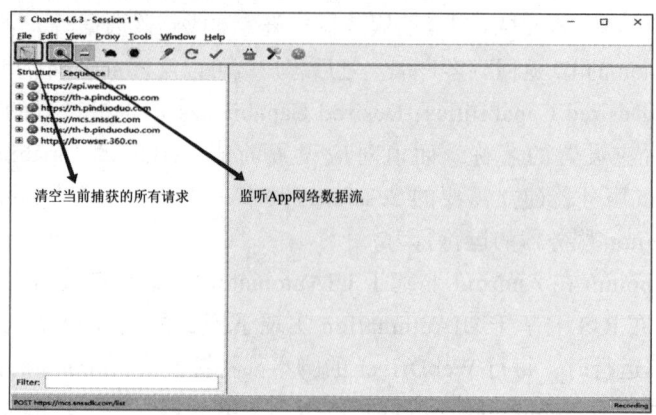 图 5-2-17　Charles 监听手机 打开一个新浪微博首页推荐的内容，查看评论，并不断上拉加载评论；这时左侧 api.m.jd.com 链接不停闪动，展开查看里面条目详情，切换到 Contents 选项卡，可以在 CommentData 字段里面查看到评论内容。
（2）启动 adb 并查看连接的设备	打开 cmd 命令行，输入下面代码，启动 adb 并查看连接的设备； ``` adb start-server # 启动 adb 服务结果 adb devices # 查看 adb 已连接的设备结果 ``` 得到如图 5-2-18 所示，表示连接成功。

续表  笔记栏

（2）启动 adb 并查看连接的设备	 图 5-2-18 查看 adb 已连接的设备
（3）配置 app desired_caps	计算机中打开 cmd 命令行，输入代码 adb shell dumpsys activity activities 获取 App 信息，获取 Apk 包名（appPackage）、活动名（appActivity），该命令的功能是获取当前正在被操作的 app 的 activity 相关信息。得到的返回结果的结果如图 5-2-19 所示，appActivity 值为 com.sina.weibo.SplashActivity，app 的 appPackage 值为 com.sina.weibo。  图 5-2-19 获取到的 App 信息 接着配置 app desired_caps 参数，如图 5-2-20 所示。 图 5-2-20 配置 app desired_caps 参数

 笔记栏

续表

（3）配置 app desired_caps	启动 Appium，获取到新浪微博的界面如图 5-2-21 所示。 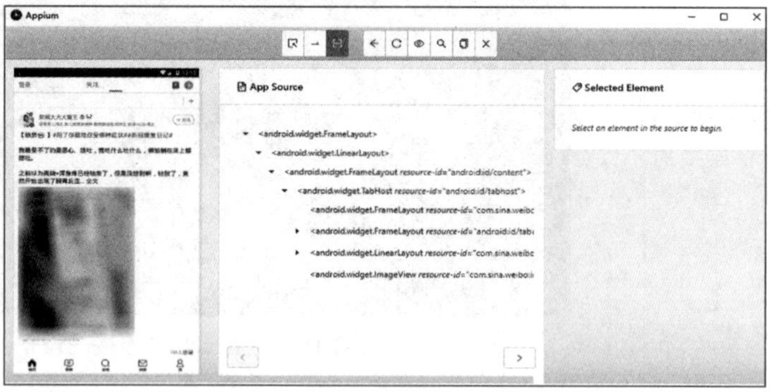  图 5-2-21 Appium 获取到新浪微博的界面
（4）编写 Appium 自动化爬取微博首页推荐信息代码	Appium 自动化爬取微博首页推荐信息代码：

```
from os import mkdir
import csv
from appium import webdriver
import time
import unittest
from appium.webdriver.common.touch_action import TouchAc-
tion
from selenium.webdriver.common.by import By
class Test_weibo(unittest.TestCase):
    def setUp(self):
        self.desired_caps={
            "platformName": "Android",
            "appActivity": "com.sina.weibo.MainTabActivity",
            "appPackage": "com.sina.weibo",
            "deviceName": "127.0.0.1:62001 device",
            "platformVersion": "5.1.1"
        }
        time.sleep(5)
        # 配置服务器链接方式
        self.driver=webdriver.Remote("http://127.0.0.1:
4723/wd/hub",self.desired_caps)
        time.sleep(5)
    def test_mobile_weibo(self):
        self.driver.implicitly_wait(20)
        x=self.driver.get_window_size()['width']
        y=self.driver.get_window_size()['height']
        f=open(f'descs.csv', mode='a', encoding='utf_8_sig', new-
line='')
        csv_writer=csv.DictWriter(f, fieldnames=['文字内容'])
        csv_writer.writeheader()
        for i in range(10):
            desc=self.driver.find_element(By.ID, 'com.sina.
weibo:id/contentTextView')
            # for desc in descs:
            text=desc.get_attribute('name')
            print(text)
            csv_writer.writerow({'文字内容': text})
            time.sleep(5)
```

（4）编写 Appium 自动化爬取微博首页推荐信息代码	```
	        # self.driver.swipe(x*0.5, y * 0.75, x*0.5,
	y * 0.25, 500)
	        # TouchAction(self.driver).press(x=380, y=300).
	wait(3).move_to(x=390, y=200).wait(3).release().perform()
	        time.sleep(5)
	        self.driver.swipe(200, 1000, 200, 200, 2000)
	if __name__ == '__main__':
	    unittest.main(argv=['first-arg-is-ignored'],exit=-
	False)
	``

（5）启动 Appium 并执行爬虫程序，爬取微博首页推荐信息	启动 Appium，如图 5-2-22 所示。 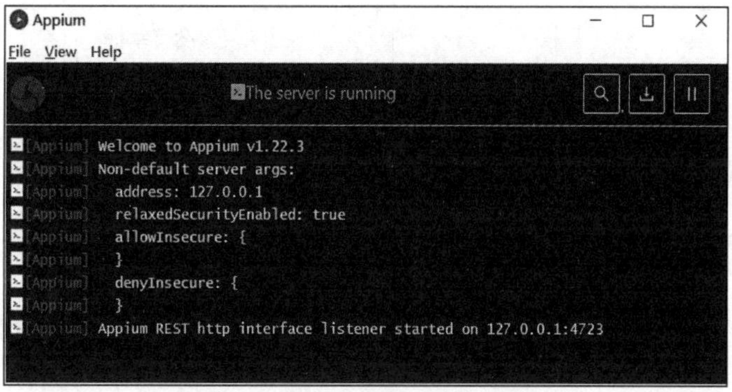 图 5-2-22　启动 Appium 的结果图 执行 Appium 自动化爬取微博首页推荐信息代码，就可以实现信息的存储，保存为一个 csv 文件。
（6）关闭 adb 服务	执行下面命令，关闭 adb 服务： ``` adb kill-server ``` 启动 appium 服务，点击 Start Server，不需要进行任何操作；再重启模拟器，之所以在关闭 adb 之后重启模拟器，是为保证 adb 连接不出现异常。

任务评价

上述任务完成后，填写表 5-2-5，对知识点掌握情况进行自我评价，并进行学习总结。

表 5-2-5　自我评价总结表

任务 2	爬取微博首页推荐信息自我测评与总结		
考核项目	任务知识点	自我评价	学习总结
Charles 抓包	使用 Charles 抓包	□ 没有掌握 □ 基本掌握 □ 完全掌握	

续表

🖉 **笔记栏**

考核项目	任务知识点	自我评价	学习总结
Charles 抓包	数据接口进行分析	□ 没有掌握 □ 基本掌握 □ 完全掌握	
编写 Python 程序对爬取微博首页推荐信息应用爬取并进行解析	使用 Python 编程程序，爬取微博首页推荐信息并进行解析	□ 没有掌握 □ 基本掌握 □ 完全掌握	
Appium 工具控制 App 翻页滑动	Appium 工具	□ 没有掌握 □ 基本掌握 □ 完全掌握	
	Appium 工具控制 App 翻页滑动	□ 没有掌握 □ 基本掌握 □ 完全掌握	

本任务结束后，填写表 5-2-6 进行小组评价、教师评价，并反馈学习、实践中存在的问题。

表 5-2-6　爬取微博首页推荐信息任务评价表

任务 1		爬取微博首页推荐信息			
序号	检查项目	检查标准		小组评价	教师评价
1	Charles 抓包	• 是否利用 Charles 进行抓包 • 是否对接口数据进行分析			
2	编写 Python 程序对爬取微博首页推荐信息应用爬取并进行解析	• 是否利用 Charles 进行抓包 • 是否对接口数据进行分析			
3	Appium 工具控制 app 翻页滑动	• 是否了解 Appium 工具 • 能否编写程序利用 Appium 工具控制 App 翻页滑动			
检查评价	班　　级		第　　组	组长签字	
	教师签字		日　　期		
	评语：				

参 考 文 献

［1］黑马程序员. 解析 Python 网络爬虫：核心技术、Scrapy 框架、分布式爬虫 [M]. 北京：
中国铁道出版社有限公司，2018.

［2］崔庆才. Python3 网络爬虫开发实战 [M]. 北京：人民邮电出版社，2018.

［3］黑马程序员. Python 网络爬虫基础教程 [M]. 北京：人民邮电出版社，2022.

［4］黄锐军. Python 爬虫项目教程：微课版 [M]. 北京：人民邮电出版社，2021.

［5］蜗牛学院，卿淳俊，邓强. Python 爬虫开发实战教程：微课版 [M]. 北京：人民邮电出版社，
2020.

［6］北京课工场教育科技有限公司. Python 网络爬虫：Scrapy 框架 [M]. 北京：人民邮电出
版社，2020.

［7］姚良. Python3 爬虫实战：数据清洗、数据分析与可视化 [M]. 北京：中国铁道出版社有
限公司，2019.

［8］零一，韩要宾，黄园园. Python 3 爬虫、数据清洗与可视化实战 [M]. 2 版. 北京：电子
工业出版社，2020.

［9］张丽，张鹏，彭笛. Python 应用实战：爬虫、文本分析与可视化 [M]. 北京：电子工业出
版社，2020.

［10］贾宁. 大数据爬取、清洗与可视化教程 [M]. 北京：电子工业出版社，2021.

［11］刘延林. Python 网络爬虫开发从入门到精通 [M]. 北京：北京大学出版社，2019.

［12］刘鹏，张燕. 数据清洗 [M]. 北京：清华大学出版社，2018.

［13］贾宁. 大数据爬取、清洗与可视化教程 [M]. 北京：电子工业出版社，2021.

 笔记栏

 笔记栏

 笔记栏